U0960112

滇池流域湿地景观格局多样性及其30年变化研究

天津大学出版社
TIANJIN UNIVERSITY PRESS

云南省哲社规划项目，项目编号YB2020042

图书在版编目(CIP)数据

滇池流域湿地景观格局多样性及其30年变化研究 / 何平著. -- 天津 : 天津大学出版社, 2024.1
ISBN 978-7-5618-7653-4

Ⅰ. ①滇… Ⅱ. ①何… Ⅲ. ①滇池－流域－沼泽化地－景观－研究－云南 Ⅳ. ①P942.740.78

中国国家版本馆CIP数据核字(2024)第017537号

出版发行 天津大学出版社
地　　址 天津市卫津路92号天津大学内（邮编:300072）
电　　话 发行部:022-27403647
网　　址 www.tjupress.com.cn
印　　刷 北京虎彩文化传播有限公司
经　　销 全国各地新华书店
开　　本 710mm×1010mm　1/16
印　　张 10
字　　数 213千
版　　次 2024年1月第1版
印　　次 2024年1月第1次
定　　价 47.00元

凡购本书，如有缺页、倒页、脱页等质量问题，烦请与我社发行部门联系调换

版权所有　侵权必究

目　录

第 1 章　绪论

1.1　研究背景和目的

湿地是位于陆地和水域间的过渡性地带，是由水、陆相互作用形成的自然综合体，被誉为地球之肾。其地层土壤为湿土，表面有浅层积水，是陆地与水域的缓冲地带，是生态系统极为脆弱的地区，也是自然界中生产力最高的生态系统之一，对维护生物多样性和生态系统平衡起到了重要作用。

湿地景观可以理解为由不同类型的湿地单元镶嵌组成的具有异质性的景观类型。景观格局多样性是指景观在结构、功能、时间变化方面的多样性，其分析源于景观生态学景观格局演变分析研究。景观格局多样性包括斑块多样性、类型多样性等。通过研究景观格局多样性变化，探寻景观格局多样性变化的驱动机制，对景观生态过程的保护有重要作用，对地区的生态安全和社会经济的可持续发展也有重要意义。

滇池是我国西南地区最大的湖泊，湖泊面积大约 300 km^2，养育了昆明主城和呈贡区、晋宁区和嵩明县主要城镇和村庄，滇池高原湖泊已成为昆明经济、社会、生态重要的稳定要素。滇池湖泊流域经济是滇中城市群地区乃至云南经济的重要组成部分，在云南省社会经济发展与生态建设中具有举足轻重的地位。本书旨在通过对滇池流域湿地景观格局变化规律的研究，揭示滇池湿地景观空间格局分布特征、变化规律以及影响因子等，并针对景观格局演变过程中出现的问题提出合适的优化策略，这对完善滇池湿地生态环境研究的内容和方法有重要意义。同时，滇池为云南九大高原湖泊之一，通过对其湿地景观格局变化的研究，可以为其他高原湖泊湿地景观格局研究提供可借鉴的经验。

1.2　国内外研究现状

自从 1939 年德国生物学家 Troll 首次提出景观生态学的概念以后，对景观格局多样性的研究逐渐增多，国内外对景观格局多样性的研究主要包括景观的生态分类，景观多样性的测度与评价，景观多样性的监测与保护，以及景观多样性与遗传、种群、生态系统等各层次生物多样性的关系等。关瑞华建立了诺尔国家级自然保护区地理信息系统（GIS），在 GIS 平台上对景观演变进行了生态学空间分析，实现了数字化管理和动态监控，为保护区景观格局多尺度研究提供了借鉴，为保护区管理部门提供了数据支持和决策依据。韩杏杏对鄱阳湖近40年地表覆盖类型的时空动态变化及其驱动因素进行了研究，利用气象数据及实测水文数据分析了引起湖泊湿地植被变化的可能原因，并初步探讨了三峡工程蓄水对湖泊湿地植被生长状况的影响。梁旻轩以莫莫格湿地为研究对象，收集了近35年的卫星遥感数据，利用景观指数的计算，从类型尺度和景观尺度揭示了湿地景观格局特征随自然、人为因素变化所呈现出来的变化规律。高祖桥等基于规则的面向对象分类方法，从2000年、2009年、2018年3期遥感影像中提取出了宁夏沿黄城市带湿地，分析了湿地景观格局变化特征及驱动因素。丁鹏凯等以5期遥感影像为数据源，得到了若尔盖地区的湿地景观格局空间分布，同时采用景观格局指数分析了若尔盖地区高原湿地景观格局的变化情况。杨利根据洞庭湖区6期遥感影像数据资料，运用模型分析了洞庭湖区湿地景观格局在三峡工程运行前后的时间动态变化特征，并对洞庭湖区湿地进行了时间尺度的健康生态评价，总结了洞庭湖区湿地景观格局的影响因素。谭志强等以Landsat 7为数据源，通过决策树分类及高斯回归的方法定量评估了三峡工程运行前后两湖湿地景观格局的演变特征及其差异性，为湿地保护与重建提供了科学依据，通过研究发现不同程度的干旱胁迫是形成两湖湿地景观格局差异性演变特征的主要原因。张明明等选取草海国家级自然保护区4期遥感景观数据，对保护区不同时期的景观格局特征、变化以及景观发展强度变化规律进行了分析，提出为确保草海国家级自然保护区生态环境健康发展，规范和统筹保护区景观的合理配置是草海综合治理需要考虑的重要措施。许吉仁等研究了1987—2010年间南四湖湿地景观格局演变及其驱动力，发现南四湖湿地景观格局受自然和人文驱动力影响，人文驱动力人口因素和经济发展水平因素对景观空间格局影响最大。Riitters等分析了景观格局及结构指标在土地利用和土地覆被中的应用。Abdolalizadeh等基于Landsat数据对伊朗马拉卡保护区近30年的景观格局变化进行了定量的分析。Lutz利用TM影像分析了区域空间格局景观模型的相关系数，证明了使用区域空间格局可以有效地研究区域景观变化。Festus等基于遥感影像数据以及斑块类型面积、斑块指数、平均分维数等景观指数研究了城市湿地景观格局。Matthew等研究了美国亚利桑那州菲尼克斯市区的空间格局和景观指标的关系，将景观格局指标运用到城市位置的识别中。Estoque等研究了东南亚大城市（如曼谷、马尼拉、雅加达等）的景观构成模式和城市地表温度之间的关系。

1.3 研究内容

本书以滇池流域湿地为研究对象，利用景观生态学、地理学等相关学科理论，选取 1988 年、1993 年、1998 年、2003 年、2008 年、2013 年和 2018 年七个时期，以遥感图像、中国气象数据网站点数据、DEM（数字高程模型）数据等相关资料为基础，利用 ENVI、ArcGIS 和 Fragstats 等软件，对滇池周边湿地 1988—2008 年景观多样性的规律进行定性和定量分析，针对滇池湿地景观多样性演变过程中存在的问题提出优化策略。本书的研究内容共分为 7 章。

第 1 章为绪论，介绍本书研究背景以及国内外研究现状。

第 2 章为理论基础和研究方法，介绍本书研究的理论基础及研究方法，为本书研究的开展奠定基础。

第 3 章为滇池流域湿地概况和模型处理，介绍本书研究遥感数据来源及解译处理情况，以及景观格局指数体系构建。

第 4 章为滇池流域湿地景观格局动态变化特征分析，从时间、空间两个维度探析滇池景观格局多样性的变化特征。

第 5 章为滇池流域湿地景观格局变化驱动力分析，从自然、人为因素两个方面对景观格局演变的驱动力进行分析，揭示其景观格局演变的深度原因。

第 6 章为滇池流域湿地景观格局优化策略，按照景观格局优化要遵循的原则，提出滇池流域湿地景观格局优化策略。

第 7 章为结论与讨论，归纳说明本书研究的重点内容和不足之处，并对后续研究提出展望。

1.4 技术路线

本书研究技术路线如图 1-1 所示。

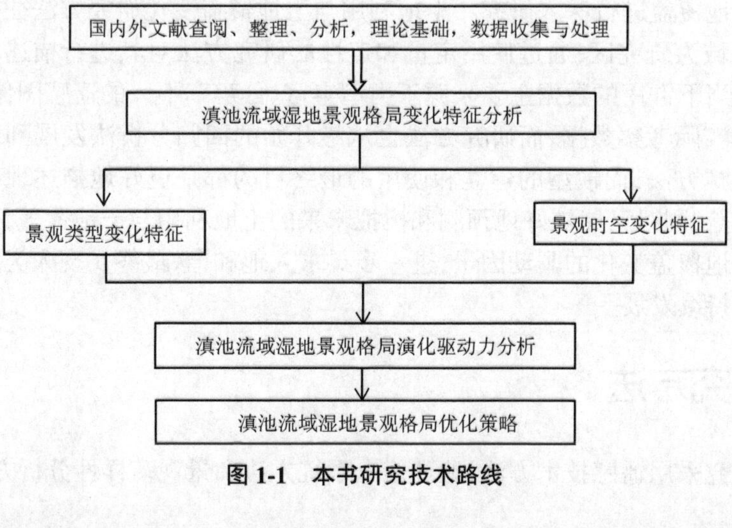

图 1-1　本书研究技术路线

第 2 章　理论基础和研究方法

2.1　理论基础

2.1.1　景观生态学理论

1939 年，Troll 提出了景观生态学的概念。景观生态学以景观为研究对象，注重研究景观类型组成、景观空间配置和与生态学过程的相互作用。景观生态学中的"景观"概念区别于一般日常生活中的景观，是指由不同生态系统组成的具有一定空间异质性的区域，斑块、廊道和基质是其基本构成要素。景观生态学主要包括景观结构与功能原理、尺度性原理、空间异质性与景观格局原理等，研究景观结构、功能和动态变化，强调空间格局、生态学过程和尺度间的相互作用是其核心所在。景观生态学理论具有较强的实践意义，在现实中应用较广，多应用于土地利用、资源开发、国土整治、区域规划等领域。

2.1.2　土地利用与土地覆被变化研究理论

土地利用与土地覆盖是地球表层系统最突出的景观标志，也是与人类生活最紧密相关的景观标志。因此，在研究某一地区景观空间格局之前，通常会对该地区的土地利用与土地覆盖进行深入研究。土地利用与土地覆盖变化研究方法往往需要以某一特定的区域为研究区，通过使用定量和定性的研究方法对其进行描述、解释、预测以及决策。当下常用的数据主要来源于类型丰富、分辨率不一的遥感图像，同时结合实际测量和实际考察数据，而研究方法也从最开始的回归分析法发展到现在丰富多样的模型模拟方法，而模型的建立和使用的最终目的都是更好地描述现有的土地利用与土地覆盖，同时又能较好地预测和模拟未来的土地利用与土地覆盖，以期寻求土地利用与土地覆盖变化的驱动因子，进一步寻求人地和谐，最终实现人类和环境的协调发展和可持续发展。

2.2　研究方法

本书研究采用遥感技术方法、地理信息系统方法和景观多样性分析方法。

1. 遥感技术方法

本书研究中，在对研究区 1988 年、1993 年、1998 年、2003 年、2008 年、2013 年和 2018 年七个时期的遥感图像进行景观分类时，主要采用监督分类方法。监督分类方法又称训练场地法，它基于训练样本，以概率统计理论为基础，即在具有遥感图像样本区分类类别属性的先验知识基础上，采集训练区的样本，创建训练分类器，进而对整幅影像进行类型划分，将每个像元归并到对应的类别中。通过监督分类进行景观分类，然后比较以上七个时期的流域景观分类图。

2. 地理信息系统方法

通过地理信息系统强大的图像分析方法、空间叠加分析方法以及空间信息统计方法，对景观分类图进行分析，这对滇池流域湿地景观特征分析十分重要。利用地理信息系统矢量化功能，得到滇池周边地貌类型图，同时利用研究区 DEM 进行表面分析，获得滇池流域坡度和地形起伏度栅格数据，利用空间叠加分析方法对滇池流域湿地景观多样性驱动因素进行分析。

3. 景观多样性分析方法

景观多样性分析方法是一种研究景观结构特征和空间配置关系的分析方法。本书研究采用空间分析方法中的格局指数方法定性和定量分析滇池流域湿地 1988—2018 年的景观格局多样性变化特征。

第3章　滇池流域湿地概况和模型处理

3.1　滇池流域湿地概况

3.1.1　地理位置

滇池位于昆明市，处于长江、红河、珠江三大水系的分水岭地带，有35条河流注入，面积约330 km²，是中国第六大淡水湖，也是中国西南地区最大的高原淡水湖泊，中心位置地理坐标为北纬24° 28′13″~25° 27′26″，东经102° 29′14″~103° 00′51″。

滇池流域是一个地学上的概念，与昆明市虽然具有十分密切的关系，但不属于同一概念。目前，基本所有的研究划定滇池流域范围的依据均是2015年昆明市人民政府公告第88号文《滇池分级保护范围划定方案》，该方案划定了滇池一、二、三级保护区具体范围，一、二、三级保护区包含的范围就是整个滇池流域的范围。其中，滇池一级保护区指滇池水域及保护界桩向外水平延伸100 m以内的区域，但保护界桩在环湖路（不含水体上的桥梁）以外的，以环湖路以内的路缘线为界，一级保护区面积为323.97 km²，占滇池流域的11%；二级保护区指一级保护区以外至滇池面山以内城乡规划确定的禁止建设区和限制建设区，以及主要入湖河道两侧沿地表向外水平延伸50 m以内的区域，二级保护区面积为606.94 km²，占滇池流域的21%，其中禁止建设区393.84 km²（占14%），限制建设区213.1 km²（占7%）；三级保护区指一、二级保护区以外，滇池流域分水岭以内的区域，三级保护区面积为1 112.558 9 km²，占滇池流域的38%。

滇池流域均为昆明市所辖，涉及五华区、盘龙区、官渡区、西山区、呈贡区和晋宁区六个区，在云南全省的经济社会发展中占有举足轻重的地位。环滇池散布17个湿地公园（图3-1），这些湿地公园可以保护生物和遗传多样性，固定二氧化碳、调节气候，滞留有害物质、净化水体，减缓径流和蓄洪防旱。鉴于滇池流域湿地基本在距滇池岸边1 km以内，故选择研究区为滇池周边1 km以内，具体如图3-2所示（白线标注范围为研究区范围）。

图 3-1　滇池周边湿地公园分布图

图 3-2 研究区遥感图像

3.1.2 气候特征

滇池流域属于北纬低纬度亚热带-高原山地季风气候，由于受印度洋西南暖湿气流影响，日照长、霜期短、年平均气温大概为 15 ℃，全年日照大约为 2 481 h，无霜期

240 天以上，气温温和，夏无酷暑，冬无严寒，四季如春，气候宜人，年降水量 1 035 mm，全年雨季比较长，且雨季多集中在 6—9 月，在这 4 个月内降雨量占全年降雨量的 70%~75%，大约为 935 mm。

3.1.3　地质地貌

滇池流域地形为北边高、南部低，南北向狭长的山间盆地构造地形，受地质构造影响，中心形成了典型的构造湖泊——滇池，其为中国西南地区最大的高原淡水湖泊，呈不对称阶梯地貌形态；按成因、形态、相对高度和绝对高度划分为山地、丘陵及平原（平坝），以湖盆岩溶高原地貌形态为主，红色山原地貌次之；平均海拔 1 900 m，大部分地区海拔为 1 500~2 800 m；由于处于断裂构造活动地带，岩溶水丰富。滇池流域土壤类型复杂，共计 12 种，主要以红土壤、水稻土、紫色土为主。

3.1.4　水系分布

滇池流域地处长江、珠江和红河三大水系的分水岭地带，属断陷构造湖泊。滇池多年平均水资源量 9.7×10^8 m³，扣除多年平均蒸发量 4.4×10^8 m³，实有水资源量 5.3×10^8 m³。滇池流域内注入滇池的河流有 29 条，主要有盘龙江、乌龙江、东大河、宝象河、柴河、洛龙河、马料河、梁王河、南冲河、瑶冲河、捞鱼河、大河、东白沙河、西白沙河等，其中以盘龙江最大。海口河是滇池唯一的出湖河流，因河道中有形若螳螂川的沙滩分布而得名螳螂川，螳螂川从富民注入普渡河，汇入金沙江。

3.1.5　社会经济概况

根据《昆明市统计年鉴（2019）》和《2019 年昆明市国民经济和社会发展统计公报》，滇池流域涉及昆明市五华区、盘龙区、官渡区、西山区、呈贡区以及晋宁区，共计 52 个街道办和 2 个镇。2018 年，滇池流域常住人口为 413.6 万人，占昆明市总人口的 60%，其中城镇人口 383.2 万人，农村人口 30.4 万人。2018 年，滇池流域涉及的昆明市五华区、盘龙区、官渡区、西山区、呈贡区以及晋宁区实现地区生产总值（GDP）5 180.7 亿元，占昆明市地区生产总值的 77%。

3.2　数据来源与处理

3.2.1　数据来源

Landsat 卫星的 TM/ETM/OLI 遥感图像具有较高的空间分辨率、波谱分辨率，极为丰富的信息量和较高的定位精度等优势。本书研究中滇池遥感数据为 1988 年、

1993年、1998年、2003年、2008年、2013年和2018年七期Landsat TM/OLI_TIRS数据，来源于地理空间数据云平台（http://www.gscloud.cn），并结合昆明市气候特征和实地调研，筛选云量少且成像质量高的数据作为本书研究数据源，且月份集中在4—6月，具体数据见表3-1。研究数据除Landsat遥感影像数据外，还包括昆明市统计年鉴数据、数字高程数据、谷歌地球高分卫星数据以及气象数据等。

表3-1 研究区基础遥感影像数据源

数据类别	卫星平台	成像日期	分辨率/m	轨道号	云量/%
TM	Landsat 5	1988-06-02	30	129/43	0.02
TM	Landsat 5	1993-11-07	30	129/43	4.76
TM	Landsat 5	1998-04-27	30	129/43	0.35
TM	Landsat 5	2003-04-25	30	129/43	3.89
TM	Landsat 5	2008-04-06	30	129/43	0.67
OLI_TIRS	Landsat 8	2013-04-20	30	129/43	0.01
OLI_TIRS	Landsat 8	2018-04-02	30	129/43	4.15

3.2.2 数据处理

滇池流域湿地遥感数据处理主要包括遥感图像预处理、遥感图像增强、遥感图像分类、分类后处理及精度评价、景观分类制图。

1. 遥感图像预处理

遥感图像在获取过程中由于受到传感器、大气、太阳高度角和地形等影响常会产生辐射畸变，即传感器的探测值与地物实际的光谱辐射值不一致。为纠正原始遥感图像中的几何与辐射变形，即图像获取过程中产生的变形、扭曲及辐射值等，进而得到一幅尽可能在几何和辐射方面真实的图像，需要对图像进行校正，校正包括几何校正、辐射定标和大气校正。

几何校正是为了消除在遥感图像采集过程中由传感器高度和姿态角的变化、大气折光、地球曲率、地形起伏以及地球旋转和遥感器本身结构性能等引起的图像几何变形的影响。本书研究采用的是我国的Landsat数据，该数据已经过几何校正，故在本书中不再做几何校正。

辐射定标是为了消除传感器本身所带来的辐射误差，并将传感器记录的无量纲的DN值（遥感影像像元亮度值）转换成有实际物理意义的大气顶层辐射亮度或反射率。本书研究使用ENVI软件中的Radiometric Calibration工具对Landsat遥感图像进行辐射定标处理。

大气校正是为了消除大气和光照等因素对地物的影响,广义上是为了得到地物反射率、辐射率或地表温度等真实物理模型参数,狭义上是为了获取地物真实反射率数据。总之,大气校正是反演地物真实反射率的过程。进行大气校正的方法很多,本书研究使用 ENVI 软件中的 FLAASH 模块进行大气校正,其具有精度高、不依赖同步实测数据、操作简单等诸多优点。

2. 遥感图像增强

遥感图像增强的目的是提高图像的目视效果,方便人工目视解译、图像分类中的样本选取等。不同的波段合成显示可以增强不同地物,根据从长期实践中总结得出的 Landsat TM 不同波段合成对地物增强的效果,可以看出标准假彩色图像的特点是地物图像丰富、色彩鲜明、层次好,常用于植被分类、水体识别、植被显示。因此,本书研究中采用标准假彩色合成图像进行图像增强处理。

3. 遥感图像分类

遥感图像分类也称遥感图像计算信息提取技术,其是通过模式识别理论,分析遥感图像中反映同类地物的光谱、空间相似性和异类地物的差异,进而将遥感图像自动分成若干地物类别。遥感图像分类包括基于像素分类和基于对象分类。基于像素分类主要包括监督分类和非监督分类、基于专家知识的决策树分类;基于对象分类除利用光谱信息外,还利用纹理、形状等信息。不同的分类方法各有优缺点,其中监督分类又称训练分类,其基于训练样本,以概率统计理论为基础,即在具有遥感图像样本区分类类别属性的先验知识基础上,采集训练区的样本创建训练分类器,进而对整幅影像进行类型划分,将每个像元归并到对应的类别中。监督分类一般分为三个步骤:①创建训练样本;②执行监督分类;③分类评价及分类后处理。常用的监督分类方法有神经网络、最大似然、马氏距离、支持向量机等。其中,支持向量机(SVM)是一种建立在统计学习理论基础上的机器学习方法,SVM 可以自动寻找那些对分类有较大区分能力的支持向量,由此构造分类器,将类与类之间的间隔最大化;SVM 能在分类样本信息较少的情况下,很好地平衡模型的学习能力和复杂性,有效避免"维数灾难",获得全局的最优解,具有较好的推广性和较高的分类准确性。因而,本书研究采用监督分类中的支持向量机进行分类,分类时参考土地利用现状分类标准,结合研究所需将景观类型分为水体、林地、草地、耕地、建设用地、其他用地等 6 种地型,具体景观类型分类情况见表 3-2。

按照水体、林地、草地、耕地、建设用地、其他用地进行分类,使用 ENVI 软件中的 ROI 可分离性(Compute ROI Separability)工具来计算任意类别间的统计距离,从而确定两个类别间的差异程度,1988 年、1993 年、1998 年、2003 年、2008 年、2013 年和 2018 年研究区遥感图像可分离性计算结果如图 3-3 至图 3-9 所示。从图中可以看出,样本参数值均大于 1.9,这说明样本之间的可分离性好,属于合格样本,可以进行分类。

表 3-2 滇池流域湿地景观类型分类情况

编号	名称	含义
1	水体	天然陆地水域和各种水利设施用地，包括河流、湖泊、水库等
2	林地	生长乔木、灌木、竹类等的林业用地
3	草地	以生长草本植物为主，覆盖度在5%以上的各类草地，包括以牧为主的灌丛草地和郁闭度在10%以下的疏林草地
4	耕地	种植农作物的水田和旱地
5	建设用地	城乡居民地和工矿、交通用地以及城镇以上建成区用地
6	其他用地	裸地、沙地、盐碱地等

4. 分类后处理及精度评价

通过监督分类得到初步的景观分类结果，不可避免地会产生一些面积很小的图斑，从实际应用及专题制图的要求来看，均需要对分类结果进行分类后处理，本书研究主要进行分类颜色更改、类型合并、去除小斑块等分类后处理。

分类结果评价是进行土地覆被、遥感动态监测的重要一环，也是分类结果是否可信的一种度量。本书研究采用混淆矩阵法对分类结果进行精度评价，以空间分辨率为 5 m 的谷歌地球图片作为参考，验证分类评价结果，得到总计精度均在 95%以上，总体 Kappa 系数均在 0.7 以上，整体分类精度较高，分类图可以使用，具体见表 3-3。

表 3-3 分类精度表

年份	总体精度/%	Kappa 系数
1988 年	96.23	0.71
1993 年	95.56	0.72
1998 年	96.26	0.71
2003 年	96.53	0.72
2008 年	97.53	0.79
2013 年	98.10	0.83
2018 年	98.15	0.84

```
Input File: 19880602subset
    ROI Name: (Jeffries-Matusita, Transformed Divergence)

水体:
    林地: (2.00000000 2.00000000)
    草地: (2.00000000 2.00000000)
    耕地: (2.00000000 2.00000000)
    建设用地: (2.00000000 2.00000000)
    其他用地: (2.00000000 2.00000000)

林地:
    水体: (2.00000000 2.00000000)
    草地: (1.99943937 1.99999968)
    耕地: (1.99999338 1.99999998)
    建设用地: (1.99992639 2.00000000)
    其他用地: (2.00000000 2.00000000)

草地:
    水体: (2.00000000 2.00000000)
    林地: (1.99943937 1.99999968)
    耕地: (1.99999554 2.00000000)
    建设用地: (2.00000000 2.00000000)
    其他用地: (2.00000000 2.00000000)

耕地:
    水体: (2.00000000 2.00000000)
    林地: (1.99999338 1.99999998)
    草地: (1.99999554 2.00000000)
    建设用地: (1.99992102 2.00000000)
    其他用地: (2.00000000 2.00000000)

建设用地:
    水体: (2.00000000 2.00000000)
    林地: (1.99992639 2.00000000)
    草地: (2.00000000 2.00000000)
    耕地: (1.99992102 2.00000000)
    其他用地: (1.96823041 1.99999667)

其他用地:
    水体: (2.00000000 2.00000000)
    林地: (2.00000000 2.00000000)
    草地: (2.00000000 2.00000000)
    耕地: (2.00000000 2.00000000)
    建设用地: (1.96823041 1.99999667)

Pair Separation (least to most);

建设用地 and 其他用地 - 1.96823041
林地 and 草地 - 1.99943937
耕地 and 建设用地 - 1.99992102
林地 and 建设用地 - 1.99992639
林地 and 耕地 - 1.99999338
草地 and 耕地 - 1.99999554
草地 and 建设用地 - 2.00000000
水体 and 建设用地 - 2.00000000
水体 and 林地 - 2.00000000
耕地 and 其他用地 - 2.00000000
林地 and 其他用地 - 2.00000000
水体 and 草地 - 2.00000000
水体 and 其他用地 - 2.00000000
草地 and 其他用地 - 2.00000000
水体 and 耕地 - 2.00000000
```

图 3-3　1988 年样本可分离性

```
Input File: 19931107subset
   ROI Name: (Jeffries-Matusita, Transformed Divergence)

水体:
    林地: (1.99999418 2.00000000)
    草地: (2.00000000 2.00000000)
    耕地: (2.00000000 2.00000000)
    建设用地: (1.99994174 2.00000000)
    其他用地: (2.00000000 2.00000000)

林地:
    水体: (1.99999418 2.00000000)
    草地: (1.98235399 1.99500070)
    耕地: (1.99954206 1.99997903)
    建设用地: (1.99394878 2.00000000)
    其他用地: (1.99978036 1.99999299)

草地:
    水体: (2.00000000 2.00000000)
    林地: (1.98235399 1.99500070)
    耕地: (1.95404891 1.99008857)
    建设用地: (1.99804617 2.00000000)
    其他用地: (1.99975094 1.99999999)

耕地:
    水体: (2.00000000 2.00000000)
    林地: (1.99954206 1.99997903)
    草地: (1.95404891 1.99008857)
    建设用地: (1.97395066 1.99999897)
    其他用地: (1.99958473 1.99994131)

建设用地:
    水体: (1.99994174 2.00000000)
    林地: (1.99394878 2.00000000)
    草地: (1.99804617 2.00000000)
    耕地: (1.97395066 1.99999897)
    其他用地: (1.91073383 1.99999849)

其他用地:
    水体: (2.00000000 2.00000000)
    林地: (1.99978036 1.99999299)
    草地: (1.99975094 1.99999999)
    耕地: (1.99958473 1.99994131)
    建设用地: (1.91073383 1.99999849)

Pair Separation (least to most);

建设用地 and 其他用地 - 1.91073383
草地 and 耕地 - 1.95404891
耕地 and 建设用地 - 1.97395066
林地 and 草地 - 1.98235399
林地 and 建设用地 - 1.99394878
草地 and 建设用地 - 1.99804617
林地 and 耕地 - 1.99954206
耕地 and 其他用地 - 1.99958473
草地 and 其他用地 - 1.99975094
林地 and 其他用地 - 1.99978036
水体 and 建设用地 - 1.99994174
水体 and 林地 - 1.99999418
水体 and 其他用地 - 2.00000000
水体 and 草地 - 2.00000000
水体 and 耕地 - 2.00000000
```

图 3-4　1993 年样本可分离性

```
Input File: 19980427subset
    ROI Name: (Jeffries-Matusita, Transformed Divergence)

水体:
    林地: (1.99999995 2.00000000)
    草地: (2.00000000 2.00000000)
    耕地: (1.99999996 2.00000000)
    建设用地: (1.99999954 2.00000000)
    其他用地: (2.00000000 2.00000000)

林地:
    水体: (1.99999995 2.00000000)
    草地: (1.91381177 1.99192583)
    耕地: (1.99980039 1.99997718)
    建设用地: (1.99512579 2.00000000)
    其他用地: (1.99996466 2.00000000)

草地:
    水体: (2.00000000 2.00000000)
    林地: (1.91381177 1.99192583)
    耕地: (1.98521100 1.99417632)
    建设用地: (1.99997530 2.00000000)
    其他用地: (1.99999999 2.00000000)

耕地:
    水体: (1.99999996 2.00000000)
    林地: (1.99980039 1.99997718)
    草地: (1.98521100 1.99417632)
    建设用地: (1.98685496 1.99999699)
    其他用地: (1.99999999 2.00000000)

建设用地:
    水体: (1.99999954 2.00000000)
    林地: (1.99512579 2.00000000)
    草地: (1.99997530 2.00000000)
    耕地: (1.98685496 1.99999699)
    其他用地: (1.98449240 2.00000000)

其他用地:
    水体: (2.00000000 2.00000000)
    林地: (1.99996466 2.00000000)
    草地: (1.99999999 2.00000000)
    耕地: (1.99999999 2.00000000)
    建设用地: (1.98449240 2.00000000)

Pair Separation (least to most);

林地 and 草地 - 1.91381177
建设用地 and 其他用地 - 1.98449240
草地 and 耕地 - 1.98521100
耕地 and 建设用地 - 1.98685496
林地 and 建设用地 - 1.99512579
林地 and 耕地 - 1.99980039
林地 and 其他用地 - 1.99996466
草地 and 建设用地 - 1.99997530
水体 and 建设用地 - 1.99999954
水体 and 林地 - 1.99999995
水体 and 耕地 - 1.99999996
耕地 and 其他用地 - 1.99999999
草地 and 其他用地 - 1.99999999
水体 and 草地 - 2.00000000
水体 and 其他用地 - 2.00000000
```

图3-5 1998年样本可分离性

```
Input File: 20030425subset
    ROI Name: (Jeffries-Matusita, Transformed Divergence)

水体:
    林地: (2.00000000 2.00000000)
    草地: (1.99999984 2.00000000)
    耕地: (2.00000000 2.00000000)
    建设用地: (1.99999771 2.00000000)
    其他用地: (2.00000000 2.00000000)

林地:
    水体: (2.00000000 2.00000000)
    草地: (1.90845079 1.96410330)
    耕地: (2.00000000 2.00000000)
    建设用地: (1.99593176 2.00000000)
    其他用地: (1.99996549 2.00000000)

草地:
    水体: (1.99999984 2.00000000)
    林地: (1.90845079 1.96410330)
    耕地: (1.99913481 1.99998348)
    建设用地: (1.99696152 2.00000000)
    其他用地: (1.99990462 2.00000000)

耕地:
    水体: (2.00000000 2.00000000)
    林地: (2.00000000 2.00000000)
    草地: (1.99913481 1.99998348)
    建设用地: (1.99330566 1.99999908)
    其他用地: (1.99999992 2.00000000)

建设用地:
    水体: (1.99999771 2.00000000)
    林地: (1.99593176 2.00000000)
    草地: (1.99696152 2.00000000)
    耕地: (1.99330566 1.99999908)
    其他用地: (1.93491235 2.00000000)

其他用地:
    水体: (2.00000000 2.00000000)
    林地: (1.99996549 2.00000000)
    草地: (1.99990462 2.00000000)
    耕地: (1.99999992 2.00000000)
    建设用地: (1.93491235 2.00000000)

Pair Separation (least to most);

林地 and 草地 - 1.90845079
建设用地 and 其他用地 - 1.93491235
耕地 and 建设用地 - 1.99330566
林地 and 建设用地 - 1.99593176
草地 and 建设用地 - 1.99696152
草地 and 耕地 - 1.99913481
草地 and 其他用地 - 1.99990462
林地 and 其他用地 - 1.99996549
水体 and 建设用地 - 1.99999771
水体 and 草地 - 1.99999984
耕地 and 其他用地 - 1.99999992
水体 and 林地 - 2.00000000
林地 and 耕地 - 2.00000000
水体 and 耕地 - 2.00000000
水体 and 其他用地 - 2.00000000
```

图 3-6 2003 年样本可分离性

```
Input File: 20080406sunset
    ROI Name: (Jeffries-Matusita, Transformed Divergence)

水体:
    林地: (1.99999996 2.00000000)
    草地: (2.00000000 2.00000000)
    耕地: (2.00000000 2.00000000)
    建设用地: (1.99997888 2.00000000)
    其他用地: (2.00000000 2.00000000)

林地:
    水体: (1.99999996 2.00000000)
    草地: (1.92567172 1.96569175)
    耕地: (1.99945305 1.99999984)
    建设用地: (1.99626402 2.00000000)
    其他用地: (1.99984911 2.00000000)

草地:
    水体: (2.00000000 2.00000000)
    林地: (1.92567172 1.96569175)
    耕地: (1.90821594 1.99039226)
    建设用地: (1.99137663 2.00000000)
    其他用地: (1.99996293 2.00000000)

耕地:
    水体: (2.00000000 2.00000000)
    林地: (1.99945305 1.99999984)
    草地: (1.90821594 1.99039226)
    建设用地: (1.96799877 1.99947048)
    其他用地: (1.99946416 2.00000000)

建设用地:
    水体: (1.99997888 2.00000000)
    林地: (1.99626402 2.00000000)
    草地: (1.99137663 2.00000000)
    耕地: (1.96799877 1.99947048)
    其他用地: (1.92563535 1.99992611)

其他用地:
    水体: (2.00000000 2.00000000)
    林地: (1.99984911 2.00000000)
    草地: (1.99996293 2.00000000)
    耕地: (1.99946416 2.00000000)
    建设用地: (1.92563535 1.99992611)

Pair Separation (least to most);

草地 and 耕地 - 1.90821594
建设用地 and 其他用地 - 1.92563535
林地 and 草地 - 1.92567172
耕地 and 建设用地 - 1.96799877
草地 and 建设用地 - 1.99137663
林地 and 建设用地 - 1.99626402
林地 and 耕地 - 1.99945305
耕地 and 其他用地 - 1.99946416
林地 and 其他用地 - 1.99984911
草地 and 其他用地 - 1.99996293
水体 and 建设用地 - 1.99997888
水体 and 林地 - 1.99999996
水体 and 草地 - 2.00000000
水体 and 耕地 - 2.00000000
水体 and 其他用地 - 2.00000000
```

图 3-7　2008 年样本可分离性

```
Input File: 20130420subset
    ROI Name: (Jeffries-Matusita, Transformed Divergence)

水体:
    林地: (2.00000000 2.00000000)
    草地: (2.00000000 2.00000000)
    耕地: (2.00000000 2.00000000)
    建设用地: (1.99999997 2.00000000)
    其他用地: (2.00000000 2.00000000)

林地:
    水体: (2.00000000 2.00000000)
    草地: (1.95034610 1.99177983)
    耕地: (1.99976532 2.00000000)
    建设用地: (1.99927454 2.00000000)
    其他用地: (1.99999279 2.00000000)

草地:
    水体: (2.00000000 2.00000000)
    林地: (1.95034610 1.99177983)
    耕地: (1.99539996 1.99999872)
    建设用地: (1.99953160 2.00000000)
    其他用地: (1.99992289 2.00000000)

耕地:
    水体: (2.00000000 2.00000000)
    林地: (1.99976532 2.00000000)
    草地: (1.99539996 1.99999872)
    建设用地: (1.99132881 2.00000000)
    其他用地: (1.99999929 2.00000000)

建设用地:
    水体: (1.99999997 2.00000000)
    林地: (1.99927454 2.00000000)
    草地: (1.99953160 2.00000000)
    耕地: (1.99132881 2.00000000)
    其他用地: (1.99136515 2.00000000)

其他用地:
    水体: (2.00000000 2.00000000)
    林地: (1.99999279 2.00000000)
    草地: (1.99992289 2.00000000)
    耕地: (1.99999929 2.00000000)
    建设用地: (1.99136515 2.00000000)

Pair Separation (least to most);

林地 and 草地 - 1.95034610
耕地 and 建设用地 - 1.99132881
建设用地 and 其他用地 - 1.99136515
草地 and 耕地 - 1.99539996
林地 and 建设用地 - 1.99927454
草地 and 建设用地 - 1.99953160
林地 and 耕地 - 1.99976532
草地 and 其他用地 - 1.99992289
林地 and 其他用地 - 1.99999279
耕地 and 其他用地 - 1.99999929
水体 and 建设用地 - 1.99999997
水体 and 林地 - 2.00000000
水体 and 草地 - 2.00000000
水体 and 耕地 - 2.00000000
水体 and 其他用地 - 2.00000000
```

图 3-8　2013 年样本可分离性

```
Input File: 20180402subset
    ROI Name: (Jeffries-Matusita, Transformed Divergence)

水体:
    林地: (2.00000000 2.00000000)
    草地: (1.99999841 2.00000000)
    耕地: (2.00000000 2.00000000)
    建设用地: (1.99999890 2.00000000)
    其他用地: (2.00000000 2.00000000)

林地:
    水体: (2.00000000 2.00000000)
    草地: (1.93486834 1.99827284)
    耕地: (1.99999708 2.00000000)
    建设用地: (1.99834121 2.00000000)
    其他用地: (1.99999802 2.00000000)

草地:
    水体: (1.99999841 2.00000000)
    林地: (1.93486834 1.99827284)
    耕地: (1.99992998 1.99999997)
    建设用地: (1.99869100 2.00000000)
    其他用地: (1.99992857 2.00000000)

耕地:
    水体: (2.00000000 2.00000000)
    林地: (1.99999708 2.00000000)
    草地: (1.99992998 1.99999997)
    建设用地: (1.99219786 1.99999994)
    其他用地: (1.99999942 2.00000000)

建设用地:
    水体: (1.99999890 2.00000000)
    林地: (1.99834121 2.00000000)
    草地: (1.99869100 2.00000000)
    耕地: (1.99219786 1.99999994)
    其他用地: (1.96950029 2.00000000)

其他用地:
    水体: (2.00000000 2.00000000)
    林地: (1.99999802 2.00000000)
    草地: (1.99992857 2.00000000)
    耕地: (1.99999942 2.00000000)
    建设用地: (1.96950029 2.00000000)

Pair Separation (least to most);

林地 and 草地 - 1.93486834
建设用地 and 其他用地 - 1.96950029
耕地 and 建设用地 - 1.99219786
林地 and 建设用地 - 1.99834121
草地 and 建设用地 - 1.99869100
草地 and 其他用地 - 1.99992857
草地 and 耕地 - 1.99992998
林地 and 耕地 - 1.99999708
林地 and 其他用地 - 1.99999802
水体 and 草地 - 1.99999841
水体 and 建设用地 - 1.99999890
耕地 and 其他用地 - 1.99999942
水体 and 林地 - 2.00000000
水体 and 耕地 - 2.00000000
水体 and 其他用地 - 2.00000000
```

图 3-9　2018 年样本可分离性

3.3 景观格局指数体系构建

景观格局指数是能够高度浓缩景观格局信息，并反映其结构组成和空间配置等方面特征的定量指标，可分为斑块水平指数、类型水平指数和景观水平指数，利用景观格局指数，可以定量描述各个景观类型结构特征的变化情况。在斑块水平指数、类型水平指数和景观水平指数这三个景观格局指数中，斑块水平指数是基础，是对单个斑块的格局特征进行计算分析；类型水平指数是按照景观分类的情况进行计算分析；景观水平指数是从整个景观的角度进行计算分析。如果对每一斑块类都进行计算，不仅计算量很大，而且对实际的研究也没有太大意义。因此，为了更好地分析滇池流域湿地景观格局多样性特征，本书研究从类型水平指标体系和景观水平指标体系两个层次对滇池流域湿地景观格局进行测算。

3.3.1 类型水平指标体系

本书研究所选类型水平指标共9个，包括斑块类型面积（*CA*）、斑块类型百分比（*PLAND*）、边界密度（*ED*）、最大斑块指数（*LPI*）、斑块密度（*PD*）、平均斑块分维数（*FRAC_MN*）、斑块个数（*NP*）、聚合度指数（*AI*）、散布与并列指数（*IJI*），各指数的含义与计算公式如下。

1. 斑块类型面积（*CA*）

斑块类型面积能够反映景观中优势斑块类型，即斑块类型面积越大，属于该斑块类型的景观类型优势越大；反之，斑块类型面积越小，则表示该斑块类型景观在整个景观格局中为劣势景观。

$$CA=A$$

式中：A 为斑块类型面积或景观的总面积。其取值范围为 $A \geqslant 0$。

2. 斑块类型百分比（*PLAND*）

斑块类型百分比是某一斑块类型面积占整个景观面积的百分比，因此其可以用来帮助确定景观中的优势景观元素。其值趋于0时，说明景观中此斑块类型变得十分稀少；其值等于100时，说明整个景观只由一类斑块类型组成，也就是说其值越大，景观丰富度越小。

$$PLAND = P_i = \frac{\sum_{j=1}^{n} a_{ij}}{A} \times 100$$

式中：a_{ij} 为第 i 类景观类型中第 j 个斑块的面积；A 为所有景观的总面积。其取值范围为 $0 < PLAND \leqslant 100$。

3. 边界密度(*ED*)

边界密度主要反映景观类型斑块形状的简单程度。通常来说,其值越大,单位面积上的边界长度越长,形状越复杂;反之,其值越小,则形状越简单。

$$ED=\frac{E}{A}\times 1\ 000\ 000$$

式中:E 为斑块边界总长度;A 为斑块总面积。其取值范围为 $ED \geqslant 0$。

4. 最大斑块指数(*LPI*)

最大斑块指数是某一景观要素的最大斑块占整个景观面积的百分比,其有利于确定景观的规模或者是确定景观中的优势物种以及内部物种的丰富度。一般而言,其值越大,则表明该斑块类型在景观中的优势度越大;反之,其值越小,景观内部物种丰富度越低。

$$LPI=\frac{\max(a_{ij})}{A}\times 100$$

式中:$\max(a_{ij})$为第 i 类景观中第 j 个斑块为该类型斑块的最大斑块; A 为所有景观的总面积。其取值范围为 $0<LPI\leqslant 100$。

5. 斑块密度(*PD*)

斑块密度是景观格局分析的基本指数,用来描述每平方千米的斑块数,其单位为斑块数/平方千米,有利于不同大小景观间的比较,即斑块密度越小,景观完整性越好;斑块密度越大,景观越不完整、越破碎。

$$PD=\frac{n_i}{A}\times 1\ 000\ 000$$

式中:n_i 为第 i 类景观要素的总面积; A 为所有景观的总面积。其取值范围为 $PD\geqslant 0$。

6. 平均斑块分维数(*FRAC_MN*)

平均斑块分维数可以反映人类活动对景观的干扰程度,其值越接近 1,该景观类型形状越简单,说明受人类活动干扰越大;其值越接近 2,该景观类型形状越复杂并接近自然状态,说明受人类活动干扰越小。

$$FRAC\_MN=\frac{2\ln(0.25P_{ij})}{n_i \ln a_{ij}}$$

式中:P_{ij} 为第 i 类景观第 j 个斑块周长;a_{ij} 为第 i 类景观第 j 个斑块的面积,其取值范围为 $1<FRAC\_MN<2$。

7. 斑块个数(*NP*)

斑块个数一般用来反映景观的破碎程度。其值越小,说明景观破碎度越低;其值越大,说明景观破碎度越高。

$$NP = n$$

式中：n 为某个斑块类型的斑块总个数。其取值范围为 $n \geqslant 1$。

8. 聚合度指数（*AI*）

聚合度指数是根据同类型斑块像元间公共边界长度来计算的，当某类型中所有像元间不存在公共边界时，其值为0或接近0，该类型的聚合程度最低，其值越小，景观中的斑块越离散；而当某类型中所有像元间存在的公共边界达到最大值时，其值为100或接近100，聚合度指数越大，斑块越聚集。

$$AI = \frac{g_{ii}}{\max(g_{ii})} \times 100$$

式中：g_{ii} 为相应景观类型的相似邻接斑块数量。其取值范围为 $0 \leqslant AI \leqslant 100$。

9. 散布与并列指数（*IJI*）

散布与并列指数在斑块类型级别上等于与某斑块类型 i 相邻的各斑块类型的邻接边长除以斑块 i 的总边长，再乘以该值的自然对数之后的和的负值，除以斑块类型数减1的自然对数，最后乘以100%转化为百分比的形式；其在景观级别上可计算各个斑块类型间的总体散布与并列状况。其取值小时，表明斑块类型 i 仅与少数几种其他类型相邻接；其值为100时，表明各斑块间相邻的边长是均等的，即各斑块间的相邻概率是均等的。

$$IJI = \frac{-\sum_{i=1}^{m}\sum_{k=1}^{m}\left[\left(\frac{E_{ik}}{E}\right)\ln\left(\frac{E_{ik}}{E}\right)\right]}{\ln\frac{1}{2}m(m-1)} \times 100$$

式中：E_{ik} 为某斑块类型 i 与相邻斑块类型 k 的邻接边长；E 为斑块 i 的总边长。其取值范围为 $0 < IJI \leqslant 100$。

3.3.2 景观水平指标体系

本书研究所选景观水平指标共9个，包括斑块个数（NP）、斑块密度（PD）、最大斑块指数（LPI）、边界密度（ED）、聚合度指数（AI）、平均斑块分维数（FRAC_MN）、景观蔓延度指数（CONTAG）、景观多样性指数（SHDI）、景观均匀性指数（SHEI）。其中，斑块个数（NP）、斑块密度（PD）、最大斑块指数（LPI）、边界密度（ED）、聚合度指数（AI）、平均斑块分维数（FRAC_MN）的含义与计算公式在类型水平指标体系中已给出解释，而景观蔓延度指数（CONTAG）、景观多样性指数（SHDI）、景观均匀性指数（SHEI）的含义与计算公式如下。

1. 景观蔓延度指数（CONTAG）

景观蔓延度指数可用来描述景观中斑块类型的延展趋势或团聚程度。通常来说，其值较大，说明景观中的优势斑块类型形成了良好的连接；其值较小，则表明景观是具有多种要素的散布格局，景观的破碎程度较高。因为该指数包含空间信息，所以其是描述景观格局的重要指标之一，在各类文献中用得较多。

$$CONTAG=\left[1+\frac{\sum_{i=1}^{m}\sum_{k=1}^{m}\left[p_i\left(\frac{g_{ik}}{\sum_{k=1}^{m}g_{ik}}\right)\right]\left[\ln p_i\left(\frac{g_{ik}}{\sum_{k=1}^{m}g_{ik}}\right)\right]}{2\ln m}\right]\times 100\%$$

式中：p_i 为 i 类型斑块所占景观总面积的百分比；g_{ik} 为 i 类型斑块和 k 类型斑块邻接的数目；m 为景观中的斑块类型总数目。其取值范围为 $0<CONTAG\leqslant 100\%$。

2. 景观多样性指数（SHDI）

景观多样性指数可以反映景观异质性，故被广泛应用于群落生态学中多样性的检测。该指数不仅对景观中斑块类型非均衡分布较为敏感，而且在比较和分析不同景观或同一景观不同时期的多样性与异质性变化时，其也是一个敏感指标。其值等于 0 时，表明整个景观由单一类型构成；其值增大，说明斑块类型和其所占比例在景观中呈均匀分布趋势。

$$SHDI=-\sum_{i=1}^{m}(p_i\ln p_i)$$

式中：p_i 为景观斑块类型 i 所占景观总面积的百分比。

3. 景观均匀性指数（SHEI）

景观均匀性指数可以描述各景观类型分配的均匀程度。其值越大，表明各景观组分配越均匀；其值等于 0，表明景观仅由一种斑块类型构成，无多样性；其值等于 1，则表明各斑块类型均匀分布，有较大多样性。

$$SHEI=-\sum_{i=1}^{m}(p_i\ln p_i)/\ln m$$

式中：p_i 为景观斑块类型 i 所占景观总面积的百分比；m 为出现景观类型的总数量。其取值范围为 $0\leqslant SHEI\leqslant 1$。

3.4　本章小结

本章系统介绍了滇池流域自然条件以及社会经济状况，对研究区数据来源进行了说明，选择了研究区1988年、1993年、1998年、2003年、2008年、2013年和2018年七期遥感图像，为了使分析结果更加明了，更能说明景观格局变化情况，研究数据时每隔五年选择一期少云且成像质量高的数据作为数据源。利用ENVI软件初步处理研究区1988年、1993年、1998年、2003年、2008年、2013年和2018年七期遥感图像，并获得滇池流域湿地景观分类图，从各年景观分类图可以看出水体面积占比较大，这和研究区选择有关，所选择的研究区为滇池往外扩1 km，所以整个研究区水体面积占绝对优势，其他景观类型在不同年份均有不同分布，景观类型在不同年份均有不同变化。为了定量说明景观格局变化情况，本章选择了类型水平指标体系和景观水平指标体系，对指标体系中的不同指标进行说明，为后续研究做好准备。

第 4 章　滇池流域湿地景观格局动态变化特征分析

4.1　滇池流域湿地景观类型时空变化特征

4.1.1　景观类型面积变化特征

本书研究在进行景观分类时，采取监督分类方式，结合滇池流域湿地实际情况，使用 ENVI、ArcGIS 软件对每隔五年的遥感图像做了景观分类处理，建立了 6 类景观斑块类型，得到了 1988—2018 年 30 年间的 7 期景观分类图。在以上工作的基础上，统计滇池流域湿地 1988 年、1993 年、1998 年、2003 年、2008 年、2013 年和 2018 年景观类型面积和景观面积所占百分比，见表 4-1 和表 4-2。

表 4-1　滇池流域湿地景观类型面积　（单位：km^2）

景观类型	1988 年	1993 年	1998 年	2003 年	2008 年	2013 年	2018 年
水　体	29 375.1	29 724.21	30 755.07	30 320.28	30 299.04	29 836.62	30 257.19
林　地	6 894.45	3 121.11	2 338.02	2 323.53	2 923.2	2 996.19	2 702.88
草　地	78.21	1 037.07	892.89	2 514.96	2 028.24	2 160.99	2 515.5
耕　地	2 253.24	6 028.83	2 430.9	1 271.61	3 031.29	1 758.6	1 112.22
建设用地	3 218.13	2 207.88	5 679.09	4 667.67	3 913.29	5 209.74	6 173.46
其他用地	1 114.47	814.5	837.63	1 835.55	738.54	971.46	172.35

表 4-2　滇池流域湿地景观类型面积所占百分比　（单位：%）

景观类型	1988 年	1993 年	1998 年	2003 年	2008 年	2013 年	2018 年
水　体	68.42	69.23	71.63	70.62	70.57	69.49	70.47
林　地	16.06	7.27	5.45	5.41	6.81	6.98	6.30
草　地	0.18	2.42	2.08	5.86	4.72	5.03	5.86

续表

景观类型	1988 年	1993 年	1998 年	2003 年	2008 年	2013 年	2018 年
耕 地	5.25	14.04	5.66	2.96	7.06	4.10	2.59
建设用地	7.50	5.14	13.23	10.87	9.11	12.13	14.38
其他用地	2.59	1.90	1.95	4.28	1.73	2.27	0.40

为了更好地分析滇池流域湿地景观类型面积变化情况，研究中采用景观类型动态度描述景观类型变化情况。该动态度可分为单一景观动态度（K）和综合景观动态度。单一景观动态度反映了一定时间和范围内某种景观类型的数量变化情况，其表达式为

$$K = \frac{Z_{ib} - Z_{ia}}{Z_{ia}} \times \frac{1}{T} \times 100\% \tag{4-1}$$

式中：Z_{ia} 为第 i 类景观类型变化前的面积，Z_{ib} 为第 i 类景观类型变化后的面积，T 为时间间隔。

本书研究根据式（4-1）计算单一景观动态度，见表 4-3。同时，本书研究采用柱形图更加直观地对比了 1988—2018 年 30 年间景观类型面积变化情况及变化速率，如图 4-1 和图 4-2 所示。

表 4-3 滇池流域湿地景观类型动态度

景观类型	1988—1993 年		1993—1998 年		1998—2003 年		2003—2008 年		2008—2013 年		2013—2018 年	
	面积变化/hm²	动态度/（%/a）	面积变化/hm²	动态度/（%/a）	面积变化/hm²	动态度/（%/a）	面积变化/hm²	动态度/（%/a）	面积变化/hm²	动态度/（%/a）	面积变化/hm²	动态度/（%/a）
水体	349.11	0.01	1 030.86	0.03	-434.79	-0.01	-21.24	-0.00	-462.42	-0.02	420.57	0.01
林地	-3 773.34	-0.55	-783.09	-0.25	-14.49	-0.01	599.67	0.26	72.99	0.02	-293.31	-0.10
草地	958.86	12.26	-144.18	-0.14	1 622.07	1.82	-486.72	-0.19	132.75	0.07	354.51	0.16
耕地	3 775.59	1.68	-3 597.93	-0.60	-1 159.29	-0.48	1 759.68	1.38	-1 272.69	-0.42	-646.38	-0.37
建设用地	-1 010.25	-0.31	3 471.21	1.57	-1 011.42	-0.18	-754.38	-0.16	1 296.45	0.33	963.72	0.18
其他用地	-299.97	-0.27	23.13	0.03	997.92	1.19	-1 097.01	-0.60	232.92	0.32	-799.11	-0.82

由图 4-1、图 4-2 和表 4-1、表 4-2、表 4-3 可以看出，1988—2018 年滇池流域湿地景观类型面积情况发生了很大的变化，具体变化分析如下。

（1）从景观类型面积变化情况可以看出不同时间段的优势景观。

1988 年 6 种景观类型的面积由小到大的排序为草地、其他用地、耕地、建设用地、林地、水体，其中水体面积最大，占总面积的 68.42%。

1993 年 6 种景观类型的面积由小到大的排序为其他用地、草地、建设用地、林地、耕地、水体，其中水体面积最大，占总面积的 69.23%。

1998 年 6 种景观类型的面积由小到大的排序为其他用地、草地、林地、耕地、建设用地、水体，其中水体面积最大，占总面积的 71.63%。

2003 年 6 种景观类型的面积由小到大的排序为耕地、其他用地、林地、草地、建设用地、水体，其中水体面积最大，占总面积的 70.62%。

2008 年 6 种景观类型的面积由小到大的排序为其他用地、草地、林地、耕地、建设用地、水体，其中水体面积最大，占总面积的 70.57%。

2013 年 6 种景观类型的面积由小到大的排序为其他用地、耕地、草地、林地、建设用地、水体，其中水体面积最大，占总面积的 69.49%。

图 4-1　滇池流域湿地景观类型面积变化对比图

2018 年 6 种景观类型的面积由小到大的排序为其他用地、耕地、草地、林地、建设用地、水体，其中水体面积最大，占总面积的 70.47%。

从以上景观类型面积变化的情况可以看出，在 1988—2018 年的七个时间段内，滇池流域湿地景观中水体所占面积始终位于首位，均占总面积的 68%以上，即水体是最主要的景观类型，构成滇池流域湿地的景观基质，为优势景观；其他用地始终排在后两位，为劣势景观；而林地、草地、耕地、建设用地排序均有不同变化。

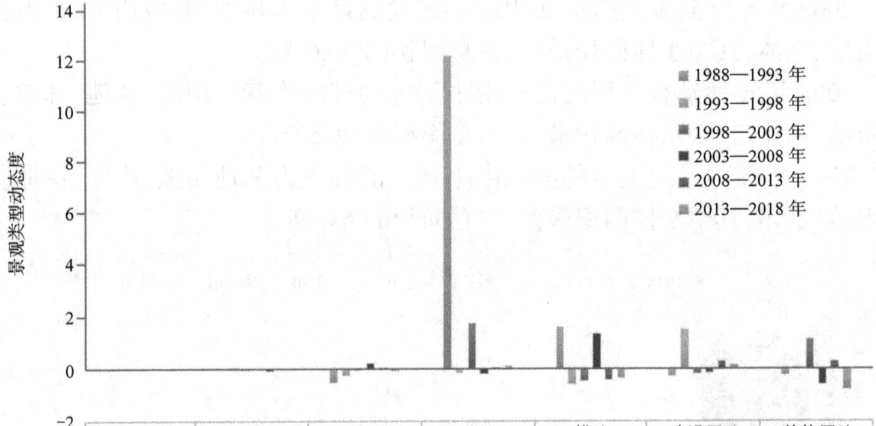

	水体	林地	草地	耕地	建设用地	其他用地
1988—1993 年	0.01	−0.55	12.26	1.68	−0.31	−0.27
1993—1998 年	0.03	−0.25	−0.14	−0.60	1.57	0.03
1998—2003 年	−0.03	−0.01	1.82	−0.48	−0.18	1.19
2003—2008 年	0	0.26	−0.19	1.38	−0.16	−0.60
2008—2013 年	−0.02	0.02	0.07	−0.42	0.33	0.32
2013—2018 年	0.01	−0.10	0.16	−0.37	0.18	−0.82

图 4-2　滇池流域湿地景观类型动态度变化图

（2）1988—2018 年，水体、草地、建设用地均有所增加，其中建设用地面积增加最多，增加了 2 955.33 hm^2，其次为草地面积，增加了 2 437.29 hm^2，最后是水体面积，增加了 882.09 hm^2；林地、耕地、其他用地均有所减少，林地减少最多，减少了 4 191.57 hm^2，耕地减少量次之，减少了 1 141.02 hm^2，其他用地减少量最小，减少了 942.12 hm^2。

（3）1988—2018 年，从整体上来说水体有所增加，但不同的时间段面积有不同波动。1988—1993 年，水体面积增加了 349.11 hm^2，动态度为 0.01%/a，虽然动态度不大，但是因为水体面积整体基数比较高，故水体面积增加也比较明显。1993—1998 年，水体面积增加了 1 030.86 hm^2，动态度为 0.03%/a，这五年水体面积的增加幅度比上一个五年要快。1998—2003 年，水体面积减少了 434.79 hm^2，这也是 1988—2003

年水体面积第一次出现下降情况，动态度为-0.01%/a，从动态度来看，变化不是很大。2003—2008 年，水体面积再次出现下降，这五年水体变化面积是 6 个阶段中最小的，仅减少了 21.24 hm^2，动态度基本是 0。2008—2013 年，水体面积仍然呈现下降趋势，减少了 462.42 hm^2，动态度为-0.02%/a。2013—2018 年，水体面积开始呈现增长趋势，增加了 420.57 hm^2，动态度为 0.01%/a。

（4）1988—2018 年，草地面积呈现增长趋势，但不同阶段有不同面积变化。1988—1993 年，草地面积增加了 958.86 hm^2，动态度为 12.26%/a，从动态度来看，这个时期草地面积的增加率是很高的。1993—1998 年，草地面积减少了 144.18 hm^2，动态度为-0.14%/a，变化情况不太大。1998—2003 年，草地面积增加了 1 622.07 hm^2，动态度为 1.82%/a，这个五年变化率增大。2003—2008 年，草地面积呈现下降趋势，减少了 486.72 hm^2，动态度为-0.19%/a。2008—2013 年，草地面积呈现增加趋势，增加了 132.75 hm^2，动态度为 0.07%/a。2013—2018 年，草地面积仍然呈现增加趋势，增加了 354.51 hm^2，动态度为 0.16%/a。

（5）1988—2018 年，建设用地面积虽然整体来看呈现增长趋势，但不同时间段仍有不小波动。1988—1993 年，建设用地面积呈现下降趋势，减少了 1 010.25 hm^2，动态度为-0.31%/a。1993—1998 年，建设用地面积呈现上升趋势，增加了 3 471.21 hm^2，动态度为 1.57%/a，从动态度来看，这一时间段建设用地面积增加较多。1998—2003 年，建设用地面积呈现下降趋势，减少了 1 011.42 hm^2，动态度为-0.18%/a。2003—2008 年，建设用地面积继续呈现下降趋势，减少了 754.38 hm^2，动态度为-0.16%/a。2008—2013 年，建设用地面积增加了 1 296.45 hm^2，动态度为 0.33%/a。2013—2018 年，建设用地面积仍呈现增加趋势，增加了 963.72 hm^2，动态度为 0.18/a。

（6）1988—2018 年，林地面积呈现减小趋势，但在整个过程中仍有波动。1988—1993 年，林地面积减少了 3 773.34 hm^2，动态度为-0.55%/a。1993—1998 年，林地面积持续降低，面积减少了 783.09 hm^2，动态度为-0.25%/a。1998—2003 年，林地面积仍然呈现减少趋势，只是减少量比较小，减少了 14.49 hm^2，动态度仅为-0.01%/a。2003—2008 年，林地面积在这 6 个时间段内第一次增加，增加了 599.67 hm^2，动态度为 0.26%/a。2008—2013 年，林地面积仍呈现增加趋势，增加了 72.99 hm^2，动态度为 0.02%/a。2013—2018 年，林地面积再次呈现下降趋势，不过减少量不算太大，减少了 293.31 hm^2，动态度为-0.10%/a。

（7）1988—2018 年，耕地面积整体减少，但个别时间段内仍有增加趋势。1988—1993 年，耕地面积呈现增长趋势，增加了 3 775.59 hm^2，动态度为 1.68%/a。1993—1998 年，耕地面积呈现下降趋势，减少了 3 597.93 hm^2，动态度为-0.60%/a。1998—2003 年，耕地面积仍呈现下降趋势，减少了 1 159.29 hm^2，动态度为-0.48%/a。2003—2008 年，耕地面积重新呈现增长趋势，增加了 1 759.68 hm^2，动态度为 1.38%/a。

2008—2013 年，耕地面积再一次减少，减少了 1 272.69 hm^2，动态度为-0.42%/a。2013—2018 年，耕地面积继续减少，减少了 646.38 hm^2，动态度为-0.37%/a。

（8）1988—2018 年，其他用地面积整体呈现下降趋势，个别时间段内仍有小的波动。1988—1993 年，其他用地面积减少了 299.97 hm^2，动态度为-0.27%/a。1993—1998 年，其他用地面积增加了 23.13 hm^2，动态度为 0.03%/a。1998—2003 年，其他用地面积继续增加，增加了 997.92 hm^2，动态度为 1.19%/a。2003—2008 年，其他用地面积呈现下降趋势，减少了 1 097.01 hm^2，动态度为-0.60%/a。2008—2013 年，其他用地面积增加了 232.92 hm^2，动态度为 0.32%/a。2013—2018 年，其他用地面积减少了 799.11 hm^2，动态度为-0.82%/a。

综上分析，在 1988—2018 年的 30 年间，滇池流域湿地 6 种景观类型均有不同变化：①6 种景观类型面积均有不同变化，其中建设用地、水体、草地面积整体呈现增加趋势，林地、耕地、其他用地面积整体呈现下降趋势，3 种景观类型面积增加，3 种景观类型面积减少，这就造成了滇池流域湿地景观的变化；②从景观类型动态度变化来看，草地面积变化情况是最大的，尤其是在 1988—1993 年，草地的景观类型动态度直接为 12.26%/a，增加量很明显；③面积变化波动增加，本书研究共选择了 1988—1993 年、1993—1998 年、1998—2003 年、2003—2008 年、2008—2013 年和 2013—2018 年 6 个时间段，从分析中可以看出，每种景观类型面积变化都不是一直减少或一直增加的，都有所波动，例如水体面积先增加再减少最后又增加，林地面积先减少再增加最后又有所减少，草地面积、耕地面积、建设用地面积、其他用地面积波动就更厉害，在 6 个时间段内呈现不同的增加和减少趋势。

4.1.2 景观类型时空转移特征

土地利用转移矩阵将土地利用变化的类型转移面积以矩阵形式列出，作为用地结构与变化方向分析的基础，可以直观地反映某一地区土地利用面积的变化，也可以细致地反映各地类之间的相互转化关系来源概率，进而了解转移前后各地类的结构特征，在土地利用变化分析和地类模拟方面具有重要作用。土地利用转移矩阵的通用形式为

$$\boldsymbol{s}_{ij}=\begin{bmatrix} s_{11} & s_{12} & \cdots & s_{1n} \\ s_{21} & s_{22} & \cdots & s_{2n} \\ \vdots & \vdots & & \vdots \\ s_{n1} & s_{n2} & \cdots & s_{nn} \end{bmatrix}$$

式中：s 代表面积；n 代表转移前后的土地利用类型数；i、j（$i,j=1,2,\cdots,n$）分别代表转移前与转移后的土地利用类型；s_{ij} 表示转移前的 i 地类转换成转移后的 j 地类的

面积。

为了更好地得到 1988—2018 年景观类型时空转移信息，本书研究采用土地利用转移矩阵法分析不同阶段滇池湿地各景观类型转移来源和去向。研究利用 ArcGIS10.7 软件将 1988—1993 年、1993—1998 年、1998—2003 年、2003—2008 年、2008—2013 年和 2013—2018 年的滇池流域湿地景观类型图进行叠加分析，从而得到 1988—1993 年、1993—1998 年、1998—2003 年、2003—2008 年、2008—2013 年和 2013—2018 年以及 1988—2018 年的景观类型空间转移矩阵，具体见表 4-4 至表 4-10。

表 4-4　滇池流域湿地 1988—1993 年景观类型转移矩阵　（单位：hm^2）

1988 年	1993 年							
	草地	耕地	建设用地	林地	其他用地	水体	面积减少总计	总面积变化合计
草地	—	24.66	9.27	26.1	0.81	13.05	73.89	958.86
耕地	204.93	—	167.85	737.91	17.73	72.63	1 201.05	3 775.59
建设用地	374.58	767.43	—	490.5	188.37	204.21	2 025.09	-1 010.25
林地	87.12	3 950.64	739.71	—	9.36	643.95	5 430.78	-3 773.34
其他用地	79.65	211.41	61.29	157.68	—	7.02	517.05	-299.97
水体	286.47	22.5	36.72	245.25	0.81	—	591.75	349.11
面积增加总计	1 032.75	4 976.64	1 014.84	1 657.44	217.08	940.86	—	—

注：所有数据均为各景观类型从 1988 年向 1993 年转换的数值，同一种景观类型转换不在此表中给出，故用“—”表示。

从表 4-4 可以看出，滇池流域湿地各景观类型在 1988—1993 年 5 年间的变化情况如下。

（1）草地景观在 1988—1993 年的转换情况：

①其他景观类型转化为草地的面积共有 1 032.75 hm^2，其中耕地转化为草地的面积为 204.93 hm^2，建设用地转化为草地的面积为 374.58 hm^2，林地转化为草地的面积为 87.12 hm^2，其他用地转化为草地的面积为 79.65 hm^2，水体转化为草地的面积为 286.47 hm^2，建设用地转化为草地的面积最多，占了 36.27%；

②草地转化为其他景观类型面积为 73.89 hm^2，其中 33.37%转化为耕地、12.55%转化为建设用地、35.32%转化为林地、1.10%转化为其他用地、17.66%转化为水体。

（2）耕地景观在 1988—1993 年的转换情况：

①其他景观类型转化为耕地的面积共有 4 976.64 hm^2，其中草地转化为耕地的面

积为24.66 hm²,建设用地转化为耕地的面积为767.43 hm²,林地转化为耕地的面积为3 950.64 hm²,其他用地转化为耕地的面积为211.41 hm²,水体转化为耕地的面积为22.5 hm²,草地、建设用地、林地、其他用地、水体转化为耕地面积的贡献率分别为0.50%、15.42%、79.38%、4.25%、0.45%;

②耕地转化为其他景观类型的面积为1 201.05 hm²,耕地转化为草地、建设用地、林地、其他用地、水体的面积分别为204.93 hm²、167.85 hm²、737.91 hm²、17.73 hm²、72.63 hm²,占比分别为17.06%、13.98%、61.44%、1.48%、6.05%。

(3)建设用地景观在1988—1993年的转换情况:

①其他景观类型转化为建设用地的面积为1 014.84 hm²,其中草地转化为建设用地面积的贡献率为0.91%,耕地转化为建设用地面积的贡献率为16.54%,林地转化为建设用地面积贡献率为72.89%,其他用地转化为建设用地面积的贡献率为6.04%,水体转化为建设用地面积的贡献率为3.62%;

②建设用地转化为其他景观类型的面积为2 025.09 hm²,其中转化为草地的面积为374.58 hm²,占18.50%,转化为耕地的面积为767.43 hm²,占37.90%,转化为林地的面积为490.5 hm²,占24.22%,转化为其他用地的面积为188.37 hm²,占9.30%,转化为水体的面积为204.21 hm²,占10.08%。

(4)林地景观在1988—1993年的转换情况:

①其他景观类型转化为林地的面积为1 657.44 hm²,主要为耕地、建设用地、其他用地、水体的转入,各景观类型转化为林地面积的贡献率分别为44.52%、29.59%、9.52%、14.80%,草地转化为林地的面积较少,仅占1.57%;

②林地转化为其他景观类型的面积为5 430.78 hm²,其中林地转化为耕地的面积最多,为3 950.64 hm²,占72.75%,林地转化为草地、建设用地、其他用地、水体的面积分别占1.60%、13.62%、0.17%、11.86%。

(5)其他用地景观在1988—1993年的转换情况:

①其他类型景观转化为其他用地的面积为217.08 hm²,主要是建设用地转化为其他用地,占86.77%,而草地、耕地、林地、水体转化为其他用地面积的贡献率仅为0.37%、8.17%、4.31%、0.37%;

②其他用地转化为其他类型景观的面积为517.05 hm²,其他用地主要转化为耕地和林地,占比分别为40.89%、30.50%,而转化为草地、建设用地、水体面积的占比分别为15.40%、11.85%、1.36%。

(6)水体景观在1988—1993年的转换情况:

①其他类型景观转化为水体的面积为940.86 hm²,主要是林地和建设用地转化为水体,这两者面积转化贡献率分别为68.44%、21.70%,草地、耕地、其他用地转化为水体的面积贡献率分别为1.39%、7.72%、0.75%。

②水体转化为其他类型景观的面积为 591.75 hm²,其中水体转化为草地的面积为 286.47 hm²,占比最高,为 48.41%,转化为耕地的面积为 22.5 hm²,占比为 3.80%,转化为建设用地的面积为 36.72 hm²,占比为 6.21%,转化为林地的面积较大,为 245.25 hm²,占比为 41.44%,转化为其他用地的面积为 0.81 hm²,占比仅为 0.14%。

表 4-5　滇池流域湿地 1993—1998 年景观类型转移矩阵　（单位:hm²）

1993 年	1998 年							
	草地	耕地	建设用地	林地	其他用地	水体	面积减少总计	总面积变化合计
草地	—	37.89	241.83	327.15	116.64	279	1 002.51	-144.18
耕地	480.6	—	2 912.58	408.96	127.26	229.86	4 159.26	-3 597.93
建设用地	43.11	223.65	—	90.81	17.64	57.78	432.99	3 471.21
林地	292.95	274.41	379.89	—	88.83	660.15	1 696.23	-783.09
其他用地	1.71	4.68	300.69	19.89	—	2.07	329.04	23.13
水体	39.96	20.7	69.21	66.33	1.8	—	198	1 030.86
面积增加总计	858.33	561.33	3 904.2	913.14	352.17	1 228.86	—	—

注:所有数据均为各景观类型从 1993 年向 1998 年转换的数值,同一种景观类型转换不在此表中给出,故而用“—”表示。

从表 4-5 可以看出,滇池流域湿地各地景观类型在 1993—1998 年 5 年间的变化情况如下。

（1）草地在 1993—1998 年的转换情况:

①其他景观类型转化为草地的面积共有 858.33 hm²,其中耕地转化为草地的面积为 480.6 hm²,占比为 55.99%,贡献率最大,林地转化为草地的面积也比较多,为 292.95 hm²,占比为 34.13%,而建设用地、水体转化为草地的面积都不太多,分别为 43.11 hm²、39.96 hm²,占比分别为 5.02%、4.66%,其他用地转化为草地的面积最小,仅为 1.71 hm²,占比仅为 0.20%;

②草地转化为其他景观类型的面积为 1 002.51 km²,其中主要转化为林地、水体、建设用地和其他用地,分别转化了 327.15 hm²、279 hm²、241.83 hm²、116.64 hm²,贡献率分别为 32.63%、27.83%、24.12%、11.63%,草地转化为耕地面积的最小,只有 37.89 hm²,贡献率仅为 3.78%。

（2）耕地在 1993—1998 年的转换情况:

①其他景观类型转化为耕地的面积共有 561.33 hm²,其中林地和建设用地贡献较大,分别转化了 274.41 hm²、223.65 hm²,占比分别为 48.89%、39.84%,草地、水体转

化为耕地的面积都不太多，分别为 37.89 hm^2、20.7 hm^2，占比分别为 6.75%、3.69%，其他用地转化为耕地的面积最小，仅为 4.68 hm^2，占比为 0.83%；

②耕地转化为其他景观类型的面积共有 4 159.26 hm^2，且耕地转化为其他景观类型的面积是最多的，耕地转化为建设用地的面积为 2 912.58 hm^2，占比达到 70.03%，耕地转化为草地的面积为 480.6 hm^2，占比为 11.55%，转化为林地的面积为 408.96 hm^2，占比为 9.83%，转化为水体的面积为 229.86 hm^2，占比为 5.53%，转化为其他用地的面积相对较小，为 127.26 hm^2，占比为 3.06%。

（3）建设用地在 1993—1998 年的转换情况：

①其他景观类型转化为建设用地的面积共有 3 904.2 hm^2，耕地转化为建设用地的面积最多，为 2 912.58 hm^2，占比为 74.60%，林地、其他用地、草地转化都不太多，占比分别为 9.73%、7.70%、6.19%，而水体转化为建设用地的面积最小，仅为 69.21 hm^2，占比仅为 1.77%；

②建设用地转化为其他景观类型的面积不太多，共 432.99 hm^2，主要转化为耕地，占比为 51.65%，转化为林地、水体、草地、其他用地的占比分别为 20.97%、13.34%、9.96%、4.07%。

（4）林地在 1993—1998 年的转换情况：

①其他景观类型转化为林地的面积共为 913.14 hm^2，耕地和草地转化为林地的面积占比较大，分别为 44.79%、35.83%，建设用地、水体、其他用地转化为林地的面积占比都不太大，分别为 9.94%、7.26%、2.18%；

②林地转化为其他景观类型的面积为 1 696.23 hm^2，林地转化为水体的面积为 660.15 hm^2，占比为 38.92%，转化为建设用地的面积为 379.89 hm^2，占比为 22.40%，转化为草地、耕地的面积分别为 292.95 hm^2、274.41 hm^2，占比分别为 17.27%、16.18%，转化为其他用地的面积最小，为 88.83 hm^2，占比为 5.24%。

（5）其他用地在 1993—1998 年的转换情况：

①其他景观类型转化为其他用地的面积共有 352.17 hm^2，耕地转化为其他用地的面积最多，为 127.26 hm^2，占比为 36.14%，草地、林地转化为其他用地的面积分别为 116.64 hm^2、88.83 hm^2，占比分别为 33.12%、25.22%，建设用地、水体转化为其他用地的面积分别为 17.64 hm^2、1.8 hm^2，占比都不高，分别为 5.01%、0.51%；

②其他用地转化为其他景观类型的面积为 329.04 hm^2，其他用地转化为建设用地的面积最多，为 300.69 hm^2，占比为 91.38%，其他用地转化为草地、耕地、林地、水体的面积都不多，占比分别为 0.52%、1.42%、6.04%、0.63%。

（6）水体在 1993—1998 年的转换情况：

①其他景观类型转化为水体的面积共有 1 228.86 hm^2，主要为林地、草地、耕地面积的转入，占比分别为 53.72%、22.70%、18.71%；

②水体转化为其他景观类型的面积为 198 hm²,从数量可以看出,在这个时间段水体转化为其他景观类型的面积并不多,主要转化为建设用地、林地、草地和耕地,其中 34.95%转化为建设用地,33.5%转化为林地,20.18%转化为草地,10.45%转化为耕地,水体转移为其他用地的面积最小,占比仅为 0.91%。

表 4-6　滇池流域湿地 1998—2003 年景观类型转移矩阵　（单位:hm²）

1998 年	2003 年							
	草地	耕地	建设用地	林地	其他用地	水体	面积减少总计	总面积变化合计
草地	—	108.63	60.84	157.68	6.12	32.85	366.12	1 622.07
耕地	918.9	—	503.55	126.27	62.73	27.27	1 638.72	−1 159.29
建设用地	459.99	294.66	—	214.74	918.27	52.38	1 940.04	−1 011.42
林地	409.77	43.56	176.76	—	130.05	75.96	836.1	−14.49
其他用地	15.39	1.35	78.12	45.18	—	0.9	140.94	997.92
水体	184.14	31.23	109.35	277.74	21.69	—	624.15	−434.79
面积增加总计	1 988.19	479.43	928.62	821.61	1 138.86	189.36	—	—

注:所有数据均为各景观类型从 1998 年向 2003 年转换的数值,同一种景观类型转换不在此表中给出,故而用“—”表示。

从表 4-6 可以看出,滇池流域湿地各景观类型在 1998—2003 年 5 年间的变化情况如下。

（1）草地在 1998—2003 年的转换情况:

①其他类型景观转换为草地的面积共有 1 988.19 hm²,其中耕地、建设用地、林地、其他用地、水体的转换面积分别为 918.9 hm²、459.99 hm²、409.77 hm²、15.39 hm²、184.14 hm²,占比分别为 42.18%、23.14%、20.61%、0.77%、9.26%,从中可以看出耕地转换为草地的面积最多,其他用地转换为草地的面积最少;

②草地转换为其他类型景观的面积共有 366.12 hm²,其中转换为耕地、建设用地、林地、其他用地、水体的面积分别为 108.63 hm²、60.84 hm²、157.68 hm²、6.12 hm²、32.85 hm²,占比分别为 29.67%、16.62%、43.07%、1.67%、8.97%,从中可以看出草地转化为林地的面积最多,转化为其他用地的面积最少。

（2）耕地在 1998—2003 年的转换情况:

①其他类型景观转换为耕地的面积共有 479.43 hm²,其中草地转换为耕地的面积为 108.63 hm²,占比为 22.66%,建设用地转换为耕地的面积为 294.66 hm²,占比为 61.46%,林地转换为耕地的面积为 43.56 hm²,占比为 9.09%,其他用地转换为耕地的

面积为 1.35 hm²,占比为 0.28%,水体转换为耕地的面积为 31.23 hm²,占比为 6.51%,从中可以看出建设用地转换为耕地的面积最多,其他用地转换为耕地的面积最少;

②耕地转换为其他类型景观的面积为 1 638.72 hm²,其中耕地转换为草地、建设用地、林地、其他用地、水体的面积分别为 918.9 hm²、503.55 hm²、126.27 hm²、62.73 hm²、27.27 hm²,占比分别为 56.07%、30.73%、7.71%、3.83%、1.66%,从中可以看出耕地转换为草地的面积最多,转换为水体的面积最少。

(3)建设用地在 1998—2003 年的转换情况:

①其他类型景观转换为建设用地的面积共有 928.62 hm²,其中草地、耕地、林地、其他用地、水体转换为建设用地的面积分别为 60.84 hm²、503.55 hm²、176.76 hm²、78.12 hm²、109.35 hm²,占比分别为 6.55%、54.23%、19.03%、8.41%、11.78%,从中可以看出耕地转换为建设用地的面积最多,草地转换为建设用地的面积最少;

②建设用地转换为其他类型景观的面积共有 1 940.04 hm²,其中转换为草地、耕地、林地、其他用地、水体的面积分别为 459.99 hm²、294.66 hm²、214.74 hm²、918.27 hm²、52.38 hm²,占比分别为 23.71%、15.19%、11.07%、47.33%、2.70%,从中可以看出建设用地转换为其他用地的面积最多,转换为水体的面积最少。

(4)林地在 1998—2003 年的转换情况:

①其他类型景观转换为林地的面积共有 821.61 hm²,其中草地、耕地、建设用地、其他用地、水体转换为林地的面积分别为 157.68 hm²、126.27 hm²、214.74 hm²、45.18 hm²、277.74 hm²,占比分别为 19.19%、15.37%、26.14%、5.50%、33.8%,从中可以看出水体转换为林地的面积最多,其他用地转换为林地的面积最少;

②林地转换为其他类型景观的面积为 836.1 hm²,其中林地转换为草地、耕地、建设用地、其他用地、水体的面积分别为 409.77 hm²、43.56 hm²、176.76 hm²、130.05 hm²、75.96 hm²,占比分别为 49.01%、5.21%、21.14%、15.56%、9.09%,从中可以看出林地转换为草地的面积最多,转换为耕地的面积最少。

(5)其他用地在 1998—2003 年的转换情况:

①其他类型景观转换为其他用地的面积共有 1 138.86 hm²,其中草地、耕地、建设用地、林地、水体转换为其他用地的面积分别为 6.12 hm²、62.73 hm²、918.27 hm²、130.05 hm²、21.69 hm²,占比分别为 0.54%、5.51%、80.63%、11.42%、1.9%,从中可以看出建设用地转换为其他用地的面积最多,草地转换为其他用地的面积最少;

②其他用地转换为其他类型景观的面积共有 140.94 hm²,其中其他用地转换为草地、耕地、建设用地、林地、水体的面积分别为 15.39 hm²、1.35 hm²、78.12 hm²、45.18 hm²、0.9 hm²,占比分别为 10.92%、0.96%、55.43%、32.06%、0.64%,从中可以看出其他用地转换为建设用地的面积最多,转换为水体的面积最少。

（6）水体在 1998—2003 年的转换情况：

①其他类型景观转换为水体的面积共有 189.36 hm²，其中草地、耕地、建设用地、林地、其他用地转换为水体的面积分别为 32.85 hm²、27.27 hm²、52.38 hm²、75.96 hm²、0.9 hm²，占比分别为 17.35%、14.4%、27.66%、40.11%、0.48%，从中可以看出林地转换为水体的面积最多，其他用地转换为水体的面积最少；

②水体转换为其他景观类型的面积共有 624.15 hm²，其中水体转化为草地、耕地、建设用地、林地、其他用地的面积分别为 184.14 hm²、31.23 hm²、109.35 hm²、277.74 hm²、21.69 hm²，占比分别为 29.5%、5%、17.52%、44.50%、3.48%，从中可以看出水体转换为林地的面积最多，转换为其他用地的面积最少。

表 4-7　滇池流域湿地 2003—2008 年景观类型转移矩阵　（单位：hm²）

2003 年	2008 年							
	草地	耕地	建设用地	林地	其他用地	水体	面积减少总计	总面积变化合计
草地	—	709.38	285.03	439.83	8.46	39.24	1 481.94	-486.72
耕地	114.93	—	84.78	5.76	1.89	0.9	208.26	1 759.68
建设用地	424.62	921.33	—	162.99	167.31	24.93	1 701.18	-754.38
林地	194.76	129.69	144.54	—	2.79	165.51	637.29	599.67
其他用地	221.4	165.96	381.6	498.24	—	11.07	1 278.27	-1 097.01
水体	39.51	41.58	50.85	130.14	0.81	—	262.89	-21.24
面积增加总计	995.22	1 967.94	946.8	1 236.96	181.26	241.65	—	—

注：所有数据均为各景观类型从 2003 年向 2008 年转换的数值，同一种景观类型转换不在此表中给出，故而用“—”表示。

从表 4-7 可以看出，滇池流域湿地各景观类型在 2003—2008 年 5 年间的变化情况如下。

（1）草地在 2003—2008 年的转换情况：

①其他类型景观转换为草地的面积共有 995.22 hm²，其中耕地、建设用地、林地、其他用地、水体转换为草地的面积分别为 114.93 hm²、424.62 hm²、194.76 hm²、221.4 hm²、39.51 hm²，占比分别为 11.55%、42.67%、19.57%、22.25%、3.97%，从中可以看出建设用地转换为草地面积最多，水体转换为草地面积最少；

②草地转换为其他景观类型的面积共有 1 481.94 hm²，其中草地转换为耕地、建设用地、林地、其他用地、水体的面积分别为 709.38 hm²、285.03 hm²、439.83 hm²、8.46 hm²、39.24 hm²，占比分别为 47.87%、19.23%、29.68%、0.57%、2.65%，从中可以看

出草地转换为耕地的面积最多，转换为其他用地的面积最少。

（2）耕地在2003—2008年的转换情况：

①其他类型景观转换为耕地的面积共有1 967.94 hm^2，其中草地、建设用地、林地、其他用地、水体转换为耕地的面积分别为709.38 hm^2、921.33 hm^2、129.69 hm^2、165.96 hm^2、41.58 hm^2，占比分别为36.05%、46.82%、6.59%、8.43%、2.11%，从中可以看出建设用地转换为耕地的面积最多，水体转换为耕地的面积最少；

②耕地转换为其他类型景观的面积共有208.26 hm^2，其中耕地转换为草地、建设用地、林地、其他用地、水体的面积分别为114.93 hm^2、84.78 hm^2、5.76 hm^2、1.89 hm^2、0.9 hm^2，占比分别为55.19%、40.71%、2.77%、0.91%、0.43%，从中可以看出耕地转换为草地的面积最多，转换为水体的面积最少。

（3）建设用地在2003—2008年的转换情况：

①其他类型景观转换为建设用地的面积共有946.8 hm^2，其中草地、耕地、林地、其他用地、水体转换为建设用地的面积分别为285.03 hm^2、84.78 hm^2、144.54 hm^2、381.6 hm^2、50.85 hm^2，占比分别为30.1%、8.95%、15.27%、40.3%、5.37%，从中可以看出其他用地转换为建设用地的面积最多，水体转换为建设用地的面积最少；

②建设用地转换为其他类型景观的面积共有1 701.18 hm^2，其中建设用地转换为草地、耕地、林地、其他用地、水体的面积分别为424.62 hm^2、921.33 hm^2、162.99 hm^2、167.31 hm^2、24.93 hm^2，占比分别为24.96%、54.16%、9.58%、9.83%、1.47%，从中可以看出建设用地转换为耕地的面积最多，转换为水体的面积最少。

（4）林地在2003—2008年的转换情况：

①其他类型景观转换为林地的面积共有1 236.96 hm^2，其中草地、耕地、建设用地、其他用地、水体转换为林地的面积分别为439.83 hm^2、5.76 hm^2、162.99 hm^2、498.24 hm^2、130.14 hm^2，占比分别为35.56%、0.47%、13.18%、40.28%、10.52%，从中可以看出其他用地转换为林地的面积最多，耕地转换为林地的面积最少；

②林地转换为其他类型景观的面积共有637.29 hm^2，其中林地转换为草地、耕地、建设用地、其他用地、水体的面积分别为194.76 hm^2、129.69 hm^2、144.54 hm^2、2.79 hm^2、165.51 hm^2，占比分别为30.56%、20.35%、22.68%、0.44%、25.97%，从中可以看出林地转换为草地的面积最多，转换为其他用地的面积最少。

（5）其他用地在2003—2008年的转换情况：

①其他类型景观转换为其他用地的面积共有181.26 hm^2，其中草地、耕地、建设用地、林地、水体转换为其他用地的面积分别为8.46 hm^2、1.89 hm^2、167.31 hm^2、2.79 hm^2、0.81 hm^2，占比分别为4.67%、1.04%、92.3%、1.54%、0.45%，从中可以看出建设用地转换为其他用地的面积最多，水体转换为其他用地的面积最少；

②其他用地转换为其他类型景观的面积共有1 278.27 hm^2，其中其他用地转换为

草地、耕地、建设用地、林地、水体的面积分别为 221.4 hm^2、165.96 hm^2、381.6 hm^2、498.24 hm^2、11.07 hm^2，占比分别为 17.32%、12.98%、29.85%、38.98%、0.87%，从中可以看出其他用地转换为林地的面积最多，转换为水体的面积最少。

（6）水体在 2003—2008 年的转换情况：

①其他类型景观转换为水体的面积共有 241.65 hm^2，其中草地、耕地、建设用地、林地、其他用地转换为水体的面积分别为 39.24 hm^2、0.9 hm^2、24.93 hm^2、165.51 hm^2、11.07 hm^2，占比分别为 16.24%、0.37%、10.32%、68.49%、4.58%，从中可以看出林地转换为水体的面积最多，耕地转换为水体的面积最少；

②水体转换为其他类型景观的面积共有 262.89 hm^2，其中水体转换为草地、耕地、建设用地、林地、其他用地的面积分别为 39.51 hm^2、41.58 hm^2、50.85 hm^2、130.14 hm^2、0.81 hm^2，占比分别为 15.03%、15.82%、19.34%、49.5%、0.31%，从中可以看出水体转换为林地的面积最多，转换为其他用地的面积最少。

表 4-8　滇池流域湿地 2008—2013 年景观类型转移矩阵　（单位：hm^2）

2008 年	2013 年							
	草地	耕地	建设用地	林地	其他用地	水体	面积减少总计	总面积变化合计
草地	—	286.11	573.21	268.2	72.45	24.12	1 224.09	132.75
耕地	499.68	—	1 181.97	170.73	60.48	28.8	1 941.66	−1 272.69
建设用地	239.58	171.54	—	207.45	344.43	20.07	983.07	1 296.45
林地	343.53	160.29	228.78	—	87.21	73.8	893.61	72.99
其他用地	23.31	4.77	213.12	101.25	—	1.62	344.07	232.92
水体	250.74	46.26	82.44	218.97	12.42	—	610.83	−462.42
面积增加总计	1 356.84	668.97	2 279.52	966.6	576.99	148.41	—	—

注：所有数据均为各景观类型从 2008 年向 2013 年转换的数值，同一种景观类型转换不在此表中给出，故而用“—”表示。

从表 4-8 可以看出，滇池流域湿地各景观类型在 2008—2013 年 5 年间的变化情况如下。

（1）草地在 2008—2013 年的转换情况：

①其他类型景观转换为草地的面积共有 1 356.84 hm^2，其中耕地、建设用地、林地、其他用地、水体转换为草地的面积分别为 499.68 hm^2、239.58 hm^2、343.53 hm^2、23.31 hm^2、250.74 hm^2，占比分别为 36.83%、17.66%、25.32%、1.72%、18.48%，可知耕地转换为草地的面积最多，其他用地转换为草地的面积最少；

②草地转换为其他类型景观的面积共有 1 224.09 hm^2,其中草地转换为耕地、建设用地、林地、其他用地、水体的面积分别为 286.11 hm^2、573.21 hm^2、268.2 hm^2、72.45 hm^2、24.12 hm^2,占比分别为 23.37%、46.83%、21.91%、5.92%、1.97%,可知草地转换为建设用地的面积最多,转换为水体的面积最少。

(2)耕地在 2008—2013 年的转换情况:

①其他类型景观转换为耕地的面积共有 668.97 hm^2,其中草地、建设用地、林地、其他用地、水体转换为耕地的面积分别为 286.11 hm^2、171.54 hm^2、160.29 hm^2、4.77 hm^2、46.26 hm^2,占比分别为 42.77%、25.64%、23.96%、0.71%、6.92%,可知草地转换为耕地的面积最多,其他用地转换为耕地的面积最少;

②耕地转换为其他类型景观的面积共有 1 941.66 hm^2,其中耕地转换为草地、建设用地、林地、其他用地、水体的面积分别为 499.68 hm^2、1 181.97 hm^2、170.73 hm^2、60.48 hm^2、28.8 hm^2,占比分别为 25.73%、60.87%、8.79%、3.11%、1.48%,可知耕地转换为建设用地的面积最多,转换为水体的面积最少。

(3)建设用地在 2008—2013 年的转换情况:

①其他类型景观转换为建设用地的面积共有 2 279.52 hm^2,其中草地、耕地、林地、其他用地、水体转换为建设用地的面积分别为 573.21 hm^2、1 181.97 hm^2、228.78 hm^2、213.12 hm^2、82.44 hm^2,占比分别为 25.15%、51.85%、10.04%、9.35%、3.62%,可知耕地面积转换为建设用地的面积最多,水体转换为建设用地的面积最少;

②建设用地转换为其他类型景观的面积共有 983.07 hm^2,其中建设用地转换为草地、耕地、林地、其他用地、水体的面积分别为 239.58 hm^2、171.54 hm^2、207.45 hm^2、344.43 hm^2、20.07 hm^2,占比分别为 24.37%、17.45%、21.1%、35.04%、2.04%,可知建设用地转换为其他用地的面积最多,转换为水体的面积最少。

(4)林地在 2008—2013 年的转换情况:

①其他类型景观转换为林地的面积共有 966.6 hm^2,其中草地、耕地、建设用地、其他用地、水体转换为林地的面积分别为 268.2 hm^2、170.73 hm^2、207.45 hm^2、101.25 hm^2、218.97 hm^2,占比分别为 27.75%、17.66%、21.46%、10.47%、22.65%,可知草地转换为林地的面积最多,其他用地转换为林地的面积最少;

②林地转换为其他类型景观的面积共有 893.61 hm^2,其中林地转换为草地、耕地、建设用地、其他用地、水体的面积分别为 343.53 hm^2、160.29 hm^2、228.78 hm^2、87.21 hm^2、73.8 hm^2,占比分别为 38.44%、17.94%、25.6%、9.76%、8.26%,可知林地转换为草地的面积最多,转化为水体的面积最少。

(5)其他用地在 2008—2013 年的转换情况:

①其他类型景观转换为其他用地的面积共有 576.99 hm^2,其中草地、耕地、建设用地、林地、水体转换为其他用地的面积分别为 72.45 hm^2、60.48 hm^2、344.43 hm^2、

87.21 hm^2、12.42 hm^2，占比分别为 12.56%、10.48%、59.69%、15.11%、2.15%，可知建设用地转换为其他用地的面积最多，水体转换为其他用地的面积最少；

②其他用地转换为其他类型景观的面积共有 344.07 hm^2，其中其他用地转换为草地、耕地、建设用地、林地、水体的面积分别为 23.31 hm^2、4.77 hm^2、213.12 hm^2、101.25 hm^2、1.62 hm^2，占比分别为 6.77%、1.38%、61.94%、29.43%、0.47%，可知其他用地转换为建设用地的面积最多，转换为水体的面积最少。

（6）水体在 2008—2013 年的转换情况：

①其他类型景观转换为水体的面积共有 148.41 hm^2，其中草地、耕地、建设用地、林地、其他用地转换为水体的面积分别为 24.12 hm^2、28.8 hm^2、20.07 hm^2、73.8 hm^2、1.62 hm^2，占比分别为 16.25%、19.41%、13.52%、49.73%、1.09%，可知林地转换为水体面积最多，其他用地转换为水体的面积最少；

②水体转换为其他类型景观的面积共有 610.83 hm^2，其中水体转换为草地、耕地、建设用地、林地、其他用地的面积分别为 250.74 hm^2、46.26 hm^2、82.44 hm^2、218.97 hm^2、12.42 hm^2，占比分别为 41.05%、7.57%、13.50%、35.85%、2.03%，可知水体转换为草地的面积最多，转化为其他用地的面积最少。

表 4-9　滇池流域湿地 2013—2018 年景观类型转移矩阵　（单位：hm^2）

2013 年	2018 年							
	草地	耕地	建设用地	林地	其他用地	水体	面积减少总计	总面积变化合计
草地	—	75.78	448.74	194.94	6.21	263.16	988.83	354.51
耕地	212.67	—	736.83	17.46	2.43	25.47	994.86	-646.38
建设用地	460.17	238.59	—	150.21	66.87	44.1	959.94	963.72
林地	396.27	18.63	321.48	—	7.83	233.46	977.67	-293.31
其他用地	234.54	10.44	354.15	274.14	—	9.27	882.54	-799.11
水体	39.69	5.04	62.46	47.61	0.09	—	154.89	420.57
面积增加总计	1 343.34	348.48	1 923.66	684.36	83.43	575.46	—	—

注：所有数据均为各景观类型从 2013 年向 2018 年转换的数值，同一种景观类型转换不在此表中给出，故而用“—”表示。

从表 4-9 可以看出，滇池流域湿地各景观类型在 2013—2018 年 5 年间的变化情况如下。

（1）草地在 2013—2018 年的转换情况：

①其他类型景观转换为草地的面积共有 1 343.34 hm^2，其中耕地、建设用地、林

地、其他用地、水体转换为草地的面积分别为 212.67 hm^2、460.17 hm^2、396.27 hm^2、234.54 hm^2、39.69 hm^2，占比分别为 15.83%、34.26%、29.50%、17.46%、2.95%，可知建设用地转换为草地的面积最多，水体转换为草地的面积最少；

②草地转换为其他类型景观的面积共有 988.83 hm^2，其中草地转换为耕地、建设用地、林地、其他用地、水体的面积分别为 75.78 hm^2、448.74 hm^2、194.94 hm^2、6.21 hm^2、263.16 hm^2，占比分别为 7.66%、45.38%、19.71%、0.63%、26.61%，可知草地转换为建设用地的面积最多，转换为其他用地的面积最少。

（2）耕地在 2013—2018 年的转换情况：

①其他类型景观转换为耕地的面积共有 348.48 hm^2，其中草地、建设用地、林地、其他用地、水体转换为耕地的面积分别为 75.78 hm^2、238.59 hm^2、18.63 hm^2、10.44 hm^2、5.04 hm^2，占比分别为 21.75%、68.47%、5.35%、2.99%、1.45%，可知建设用地转换为耕地的面积最多，水体转换为耕地的面积最少；

②耕地转换为其他类型景观的面积共有 994.86 hm^2，其中耕地转换为草地、建设用地、林地、其他用地、水体的面积分别为 212.67 hm^2、736.83 hm^2、17.46 hm^2、2.43 hm^2、25.47 hm^2，占比分别为 21.38%、74.06%、1.76%、0.24%、2.56%，可知耕地转换为建设用地的面积最多，转换为其他用地的面积最少。

（3）建设用地在 2013—2018 年的转换情况：

①其他类型景观转换为建设用地的面积共有 1 923.66 hm^2，其中草地、耕地、林地、其他用地、水体转换为建设用地的面积分别为 448.74 hm^2、736.83 hm^2、321.48 hm^2、354.15 hm^2、62.46 hm^2，占比分别为 23.33%、38.3%、16.71%、18.41%、3.25%，可知耕地转换为建设用地的面积最多，水体转换为建设用地的面积最少；

②建设用地转换为其他类型景观的面积共有 959.94 hm^2，其中建设用地转换为草地、耕地、林地、其他用地、水体的面积分别为 460.17 hm^2、238.59 hm^2、150.21 hm^2、66.87 hm^2、44.1 hm^2，占比分别为 47.94%、24.85%、15.65%、6.97%、4.59%，可知建设用地转换为草地的面积最多，转换为水体的面积最少。

（4）林地在 2013—2018 年的转换情况：

①其他类型景观转换为林地的面积共有 684.36 hm^2，其中草地、耕地、建设用地、其他用地、水体转换为林地的面积分别为 194.94 hm^2、17.46 hm^2、150.21 hm^2、274.14 hm^2、47.61 hm^2，占比分别为 28.49%、2.55%、21.95%、40.06%、6.96%，可知其他用地转换为林地的面积最多，耕地转换为林地的面积最少；

②林地转换为其他类型景观的面积共有 977.67 hm^2，其中林地转换为草地、耕地、建设用地、其他用地、水体的面积分别为 396.27 hm^2、18.63 hm^2、321.48 hm^2、7.83 hm^2、233.46 hm^2，占比分别为 40.53%、1.91%、32.88%、0.8%、23.88%，可知林地转换为草地的面积最多，转换为其他用地的面积最少。

（5）其他用地在 2013—2018 年的转换情况：

①其他类型景观转换为其他用地的面积共有 83.43 hm^2，其中草地、耕地、建设用地、林地、水体转换为其他用地的面积分别为 6.21 hm^2、2.43 hm^2、66.87 hm^2、7.83 hm^2、0.09 hm^2，占比分别为 7.44%、2.91%、80.15%、9.39%、0.11%，可知建设用地转换为其他用地的面积最多，水体转换为其他用地的面积最少；

②其他用地转换为其他类型景观的面积共有 882.54 hm^2，其中其他用地转换为草地、耕地、建设用地、林地、水体的面积分别为 234.54 hm^2、10.44 hm^2、354.15 hm^2、274.14 hm^2、9.27 hm^2，占比分别为 26.58%、1.18%、40.13%、31.06%、1.05%，可知其他用地转换为建设用地的面积最多，转换为水体的面积最少。

（6）水体在 2013—2018 年的转换情况：

①其他类型景观转换为水体的面积共有 575.46 hm^2，其中草地、耕地、建设用地、林地、其他用地转换为水体的面积分别为 263.16 hm^2、25.47 hm^2、44.1 hm^2、233.46 hm^2、9.27 hm^2，占比分别为 45.73%、4.43%、7.67%、40.57%、1.61%，可知草地转换为水体的面积最多，其他用地转换为水体的面积最少；

②水体转换为其他类型景观的面积共有 154.89 hm^2，其中水体转换为草地、耕地、建设用地、林地、其他用地的面积分别为 39.69 hm^2、5.04 hm^2、62.46 hm^2、47.61 hm^2、0.09 hm^2，占比分别为 25.62%、3.25%、40.33%、30.74%、0.06%，可知水体转换为建设用地的面积最多，转换为其他用地的面积最少。

表 4-10　滇池流域湿地 1988—2018 年景观类型转移矩阵　（单位：hm^2）

1988 年	2018 年							
	草地	耕地	建设用地	林地	其他用地	水体	面积减少总计	总面积变化合计
草地	—	2.07	25.56	9	0.27	17.01	53.91	2 437.29
耕地	523.44	—	729.54	702.45	4.77	141.12	2 101.32	-1 141.02
建设用地	359.46	31.68	—	869.94	47.07	257.49	1 565.64	2 955.33
林地	1 334.25	901.08	3 141.54	—	19.44	760.14	6 156.45	-4 191.57
其他用地	164.52	8.37	502.02	332.91	—	6.57	1 014.39	-942.12
水体	109.53	17.1	122.31	50.58	0.72	—	300.24	882.09
面积增加总计	2 491.2	960.3	4 520.97	1 964.88	72.27	1 182.33	—	—

注：所有数据均为各景观类型从 1988 年向 2018 年转换的数值，同一种景观类型转换不在此表中给出，故而用“—”表示。

从表 4-10 可以看出，滇池流域湿地各景观类型在 1988—2018 年 30 年间发生了很大变化，各景观类型的面积具体转移情况分析如下。

（1）草地景观的变化情况。

①草地转入情况：1988—2018年，其他类型景观转化为草地的面积共有2 491.2 hm^2，其中耕地、建设用地、林地、其他用地、水体转化为草地的面积分别为523.44 hm^2、359.46 hm^2、1 334.25 hm^2、164.52 hm^2、109.53 hm^2，占比分别为21.01%、14.43%、53.56%、6.6%、4.4%，可知林地转化为草地的面积最多，水体转化为草地的面最少。

②草地转出情况：1988—2018年，草地转化为其他类型景观的面积为53.91 hm^2，其中草地转化为耕地、建设用地、林地、其他用地、水体的面积分别为2.07 hm^2、25.56 hm^2、9 hm^2、0.27 hm^2、17.01 hm^2，占比分别为3.84%、47.41%、16.69%、0.5%、31.55%，可知草地转化为建设用地的面积最多，转化为其他用地的面积最少。

整体来看，1988—2018年，草地转入面积大于草地转出面积，草地面积净增加2 437.29 hm^2。

（2）耕地景观的变化情况。

①耕地转入情况：1988—2018年，其他类型景观转化为耕地的面积共有960.3 hm^2，其中草地、建设用地、林地、其他用地、水体转化为耕地的面积分别为2.07 hm^2、31.68 hm^2、901.08 hm^2、8.37 hm^2、17.1 hm^2，占比分别为0.22%、3.3%、93.83%、0.87%、1.78%，可知林地转化为耕地的面积最多，达到了93.83%，其余景观类型转化为耕地的面积均不多。

②耕地转出情况：1988—2018年，耕地转化为其他类型景观的面积共有2 101.32 hm^2，其中耕地转化为草地、建设用地、林地、其他用地、水体的面积分别为523.44 hm^2、729.54 hm^2、702.45 hm^2、4.77 hm^2、141.12 hm^2，占比分别为24.91%、34.72%、33.43%、0.23%、6.72%，可知耕地转化为建设用地的面积最多，转化为其他用地的面积最少。

整体来看，1988—2018年，耕地转入面积小于耕地转出面积，耕地主要是转化为其他景观类型，耕地面积净减少1 141.02 hm^2。

（3）建设用地景观的变化情况。

①建设用地转入情况：1988—2018年，其他类型景观转化为建设用地的面积共有4 520.97 hm^2，其中草地、耕地、林地、其他用地、水体转化为建设用地的面积分别为25.56 hm^2、729.54 hm^2、3 141.54 hm^2、502.02 hm^2、122.31 hm^2，占比分别为0.57%、16.14%、69.49%、11.1%、2.71%，可知林地转化为建设用地的面积最多，草地转化为建设用地的面积最少。

②建设用地转出情况：1988—2018年，建设用地转化为其他类型景观的面积共有1 565.64 hm^2，其中建设用地转化为草地、耕地、林地、其他用地、水体的面积分别为

359.46 hm^2、31.68 hm^2、869.94 hm^2、47.07 hm^2、257.49 hm^2，占比分别为 22.96%、2.02%、55.56%、3.01%、16.45%，可知建设用地转化为林地的面积最多，转化为耕地面积最少。

整体来看，1988—2018 年，建设用地转入面积大于转出面积，建设用地面积净增加 2 955.33 hm^2。

（4）林地景观的变化情况。

①林地转入情况：1988—2018 年，其他类型景观转化为林地的面积共有 1 964.88 hm^2，其中草地、耕地、建设用地、其他用地、水体转化为林地的面积分别为 9 hm^2、702.45 hm^2、869.94 hm^2、332.91 hm^2、50.58 hm^2，占比分别为 0.46%、35.75%、44.27%、16.94%、2.57%，可知建设用地转化为林地的面积最多，草地转化为林地的面积最少。

②林地转出情况：1988—2018 年，林地转化为其他类型景观的面积共有 6 156.45 hm^2，其中林地转化为草地、耕地、建设用地、其他用地、水体的面积分别为 1 334.25 hm^2、901.08 hm^2、3 141.54 hm^2、19.44 hm^2、760.14 hm^2，占比分别为 21.67%、14.64%、51.03%、0.32%、12.35%，可知林地转化为建设用地的面积最多，转化为其他用地的面积最少。

整体来看，1988—2018 年，林地转入面积小于转出面积，林地主要转化为其他景观类型，林地面积净减少 4 191.57 hm^2。

（5）其他用地景观的变化情况。

①其他用地转入情况：1988—2018 年，其他类型景观转化为其他用地的面积共有 72.27 hm^2，其中草地、耕地、建设用地、林地、水体转化为其他用地的面积分别为 0.27 hm^2、4.77 hm^2、47.07 hm^2、19.44 hm^2、0.72 hm^2，占比分别为 0.37%、6.6%、65.13%、26.9%、1%，可知建设用地转化为其他用地的面积最多，草地转化为其他用地的面积最少。

②其他用地转出情况：1988—2018 年，其他用地转化为其他类型景观的面积共有 1 014.39 hm^2，其中其他用地转化为草地、耕地、建设用地、林地、水体的面积分别为 164.52 hm^2、8.37 hm^2、502.02 hm^2、332.91 hm^2、6.57 hm^2，占比分别为 16.22%、0.83%、49.49%、32.82%、0.65%，可知其他用地转化为建设用地的面积最多，转化为水体的面积最少。

整体来看，1988—2018 年，其他用地转入面积小于转出面积，其他用地主要转化为其他景观类型，其他用地面积净减少 942.12 hm^2。

（6）水体景观的变化情况。

①水体转入情况：1988—2018 年，其他类型景观转化为水体的面积共有 1 182.33 hm^2，其中草地、耕地、建设用地、林地、其他用地转化为水体的面积分别为

17.01 hm²、141.12 hm²、257.49 hm²、760.14 hm²、6.57 hm²，占比分别为 1.44%、11.94%、21.78%、64.30%、0.56%，可知林地转化为水体的面积最多，其他用地转化为水体的面积最少。

②水体转出情况：1988—2018 年，水体转化为其他类型景观的面积共有 300.24 hm²，其中水体转换为草地、耕地、建设用地、林地、其他用地的面积分别为 109.53 hm²、17.1 hm²、122.31 hm²、50.58 hm²、0.72 hm²，占比分别为 36.48%、5.7%、40.74%、16.85%、0.24%，可知水体转化为建设用地的面积最多，转化为其他用地的面积最少。

整体来看，1988—2018 年，水体转入面积大于转出面积，水体面积净增加 882.09 hm²。

4.2　滇池流域湿地类型水平指标变化特征

本书研究运用 ArcGIS 和 Fragstats 软件，选择了共 9 种斑块类型指标，分别为斑块类型面积（*CA*）、斑块类型百分比（*PLAND*）、边界密度（*ED*）、最大斑块指数（*LPI*）、斑块密度（*PD*）、平均斑块分维数（*FRAC_MN*）、斑块个数（*NP*）、聚合度指数（*AI*）、散布与并列指数（*IJI*），通过计算以上类型水平指标，分析滇池流域湿地各类景观空间格局动态变化趋势。

4.2.1　水体景观

对 1988—2018 年滇池流域湿地水体景观进行斑块类型水平指标计算，结果如表 4-11 和图 4-3 至图 4-11 所示。

表 4-11　水体景观类型水平指标计算结果

年份	*CA*	*PLAND*	*LPI*	*NP*	*FRAC_MN*	*PD*	*ED*	*AI*	*IJI*
1988 年	29 375.1	68.419 8	67.848 2	309	1.016 3	0.719 7	6.152 5	99.458 3	44.512 9
1993 年	29 724.21	69.233	68.018 2	402	1.021 1	0.936 3	7.708 6	99.284 8	52.026 3
1998 年	30 755.07	71.634	70.434 1	426	1.024	0.992 2	8.635 9	99.195 5	82.006 3
2003 年	30 320.28	70.621 3	69.993 5	423	1.017 4	0.985 2	7.012 7	99.369 9	75.223 8
2008 年	30 299.04	70.571 9	70.082 8	373	1.014 1	0.868 8	6.513 8	99.431 1	77.048 2
2013 年	29 836.62	69.494 8	69.091 9	328	1.014 5	0.764	6.048 4	99.475 1	71.436
2018 年	30 257.19	70.474 4	70.150 5	341	1.014 5	0.794 2	5.978 5	99.493 3	74.083 4

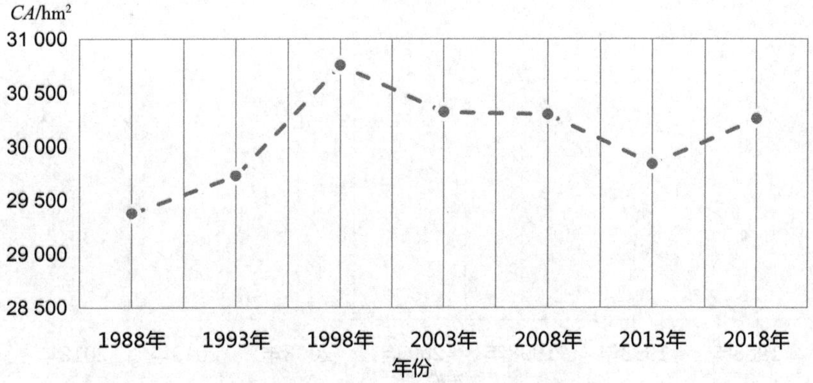

图 4-3　水体景观斑块类型面积

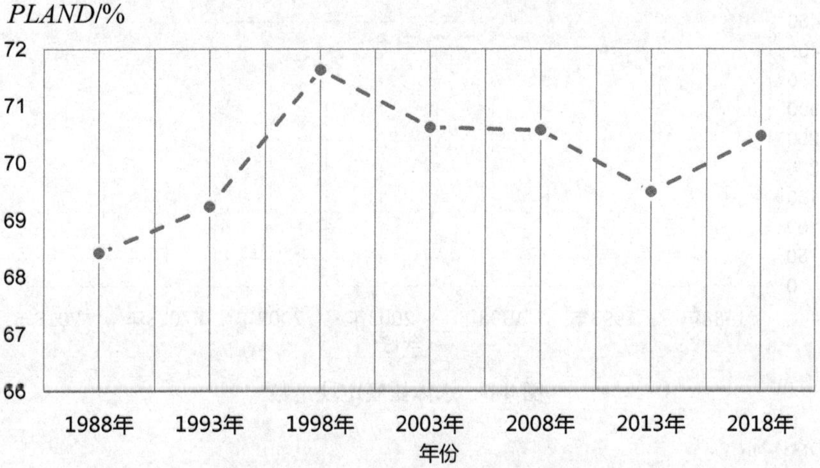

图 4-4　水体景观斑块类型百分比

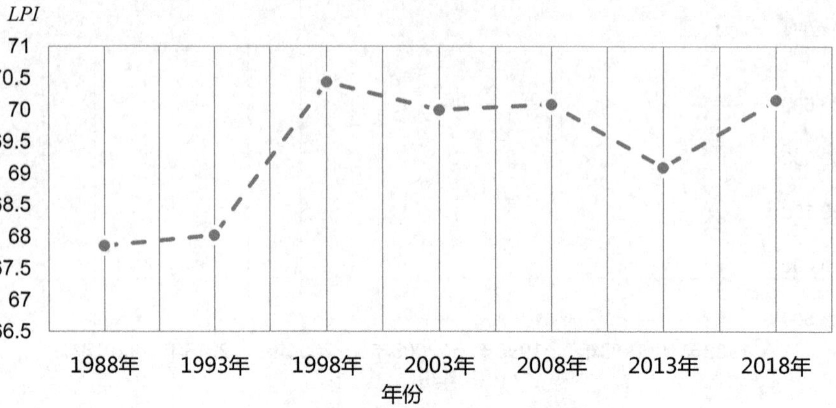

图 4-5　水体景观最大斑块指数

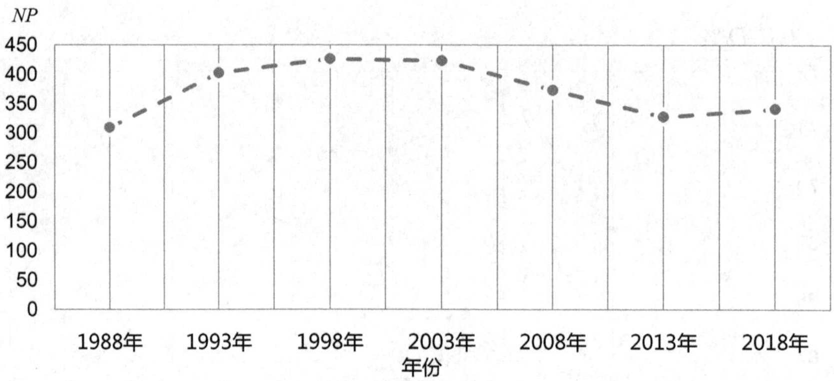

图 4-6　水体景观斑块个数

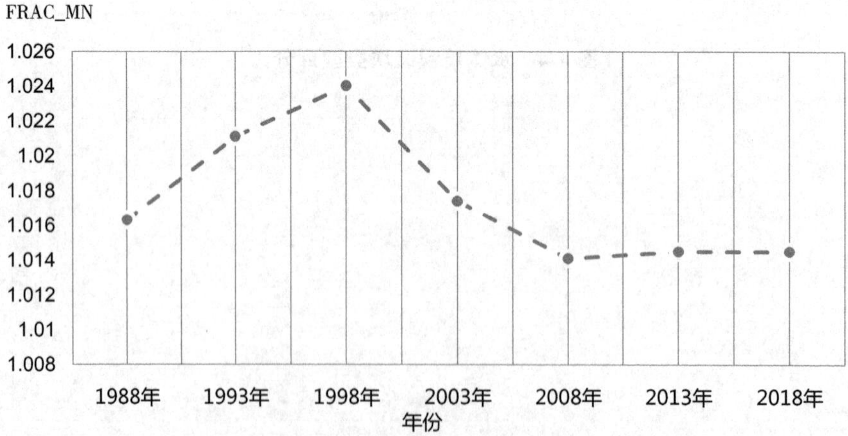

图 4-7　水体景观平均斑块分维数

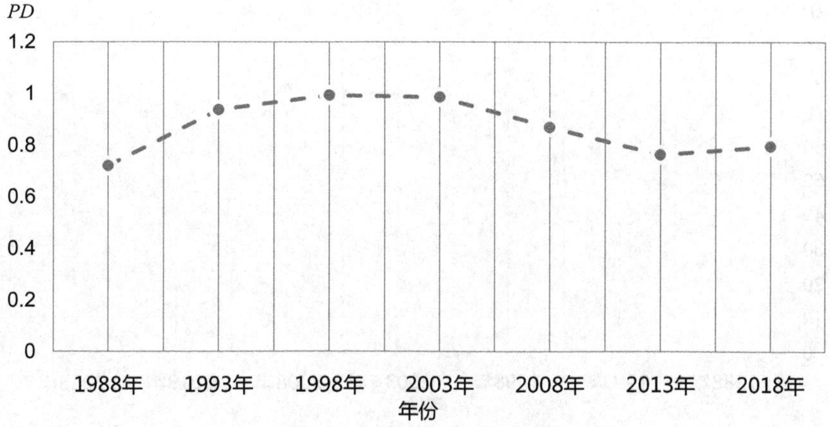

图 4-8　水体景观斑块密度

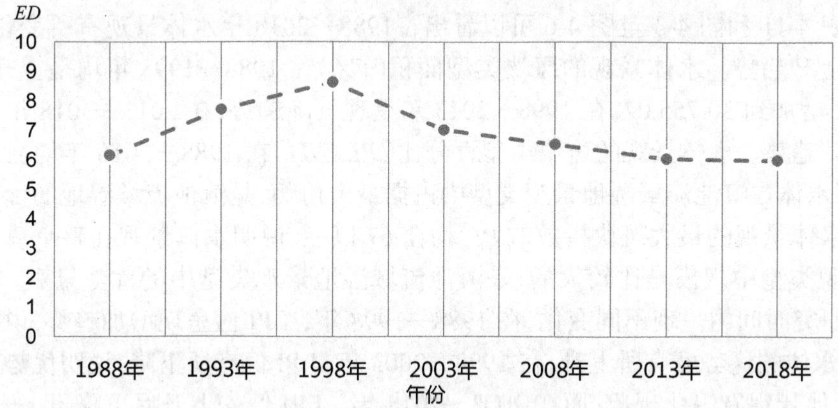

图 4-9　水体景观边界密度

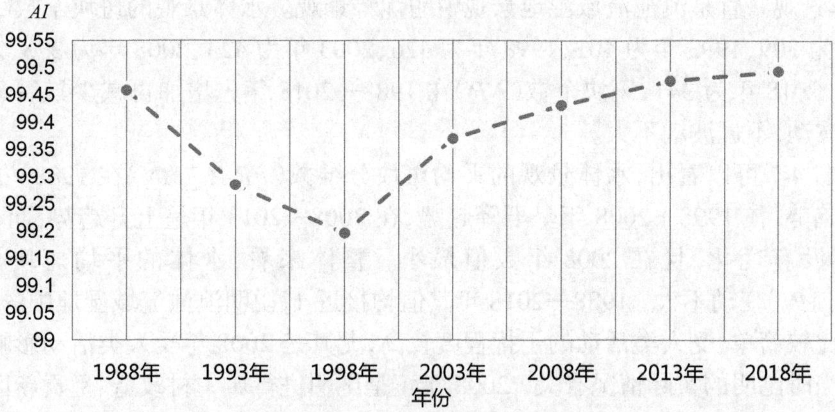

图 4-10　水体景观聚合度指数

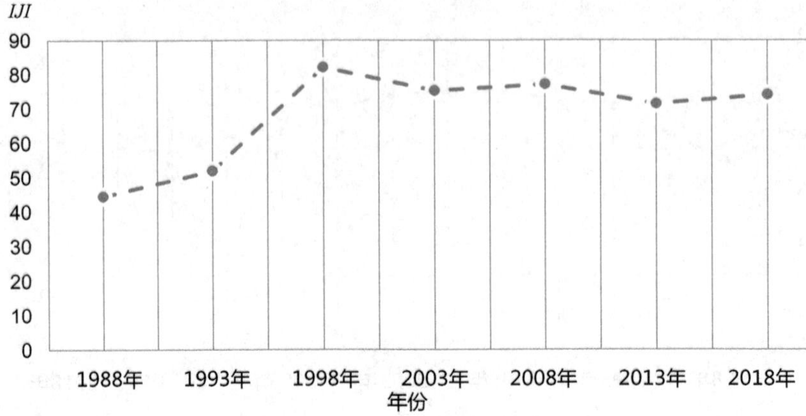

图 4-11　水体景观散布与并列指数

由表4-11和图4-3至图4-6可以看出，1988—2018年水体景观有所变化，总体来看有上升趋势。水体景观的斑块类型面积（*CA*）在1988—1998年均是上升的，从29 375.1增加到30 755.07；在1998—2013年呈现下降趋势，在2013—2018年又重新出现上升趋势。水体景观的斑块类型百分比（*PLAND*）在1988—2018年均在68%以上，说明水体在滇池流域湿地景观类型中占据最大份额，是滇池流域湿地的优势景观类型。水体景观的最大斑块指数（*LPI*）均在67以上，说明水体景观在整个滇池流域湿地景观类型中规模是比较大的，是滇池流域湿地景观类型中的优势景观。LPI值在整个研究时间内呈现不同变化，在1988—1998年，LPI值呈现增加趋势，说明在这10年内水体的优势度有所上升，在1998—2003年，LPI值有所下降，说明优势度有所下降，水体景观有退化现象；而在2003—2018年，LPI值先上升后下降再上升，优势度也经历了上升、下降再上升的过程。整体来说，1988—2018年LPI值整体变化不大，水体景观一直是滇池流域湿地景观中的优势景观。水体景观的斑块个数（*NP*）在1988年为309、1993年为402、1998年为426、2003年为423、2008年为373、2013年为328、2018年为341，斑块个数（*NP*）在1988—2018年先增加再减少最后又增加，出现了波动，不过波动不大。

从图4-7可以看出，水体景观的平均斑块分维数（*FRAC_MN*）在1988—1998年呈上升趋势，在1998—2008年呈下降趋势，在2008—2013年呈上升趋势，而2013—2018年没有变化，且在2008年数值最小。整体来看，水体的平均斑块分维数（*FRAC_MN*）变动不大，1988—2018年其值均接近1，说明滇池流域湿地中的水体景观形状比较简单、受人类活动的干扰程度较高，尤其是2008年受人类活动影响最大，这也和当时昆明的实际情况有关，2008年正是昆明进行城中村改造、呈贡新区建设、昆明地铁系统建造的时候，人类活动对景观类型影响同步显现。

从图 4-8 可以看出，水体景观的斑块密度（*PD*）在 1988—1998 年呈上升趋势，在 1998—2013 年呈下降趋势，在 2013—2018 年呈上升趋势，整体变化情况和平均斑块分维数（*FRAC_MN*）变化情况类似。水体景观的斑块密度（*PD*）不大，斑块密度越小，说明景观的完整性越好。

从图 4-9 可以看出，水体景观的边界密度（*ED*）在 1988—1998 年逐渐增大，在 1998—2013 年逐渐减小，在 2013—2018 年又有增加趋势，说明斑块形状随着时间流逝逐渐变得复杂，又变得简单，后期又有复杂趋势。

从图 4-10 可以看出，水体景观的聚合度指数（*AI*）在 1988—1998 年逐渐减小，1998—2018 年逐渐增大，且其值均在 99 以上，接近 100，最低值为 1998 年的 99.195 5，说明水体景观的斑块非常聚集，这也和实际情况相符，研究区的选择就是以滇池为主的周边湿地，水体作为最大的景观，主要景观又是聚集在一起的。

从图 4-11 可以看出，水体景观的散布与并列指数（*IJI*）在 1988—1998 年呈现上升趋势，在 1998—2003 年呈现减少趋势，在 2003—2008 年呈现上升趋势，在 2008—2013 年呈现下降趋势，在 2013—2018 年呈现上升趋势。从前面分析的水体景观的类型指标来看，唯有散布与并列指数（*IJI*）变化最频繁，基本上每五年都呈不同的趋势变化，这也和散布与并列指数（*IJI*）的生态意义有关系，其主要对受到某种自然条件严重制约的生态系统的分布特征反映比较显著，会受到气候等影响，所以其变化比较频繁。整体来看，水体景观的散布与并列指数（*IJI*）呈现上升趋势，说明水体景观与其他景观相邻概率减小。

综上分析可以看出，水体景观是滇池流域湿地的优势景观类型，聚集度比较高，景观的完整性较好，斑块非常聚集，景观形状比较简单，受人类活动的干扰程度较高，与其他景观相邻概率减小。

4.2.2　林地景观

对 1988—2018 年滇池流域湿地林地景观进行斑块类型水平指标计算，结果如表 4-12 和图 4-12 至图 4-20 所示。

表 4-12　林地景观类型水平指标计算结果

年份	*CA*	*PLAND*	*LPI*	*NP*	*FRAC_MN*	*PD*	*ED*	*AI*	*IJI*
1988 年	6 894.45	16.058 4	3.092	353	1.061 3	0.822 2	17.116	91.594 2	74.541 9
1993 年	3 121.11	7.269 6	1.199 7	741	1.067 6	1.725 9	19.022 9	80.123 2	86.338 9
1998 年	2 338.02	5.445 7	1.342 2	869	1.055 9	2.024 1	13.841 6	80.593 8	94.445 3
2003 年	2 323.53	5.411 9	1.281 4	715	1.059 2	1.665 4	13.271 4	81.263 6	87.791 3

续表

年份	*CA*	*PLAND*	*LPI*	*NP*	*FRAC_MN*	*PD*	*ED*	*AI*	*IJI*
2008 年	2 923.2	6.808 7	1.469 9	729	1.062 5	1.698	14.361 5	83.721 1	94.222 9
2013 年	2 996.19	6.978 7	1.895 4	802	1.066 2	1.868	15.437 6	83.024	93.260 9
2018 年	2 702.88	6.295 5	2.026	617	1.053 2	1.437 1	10.847 4	86.673 8	75.103 5

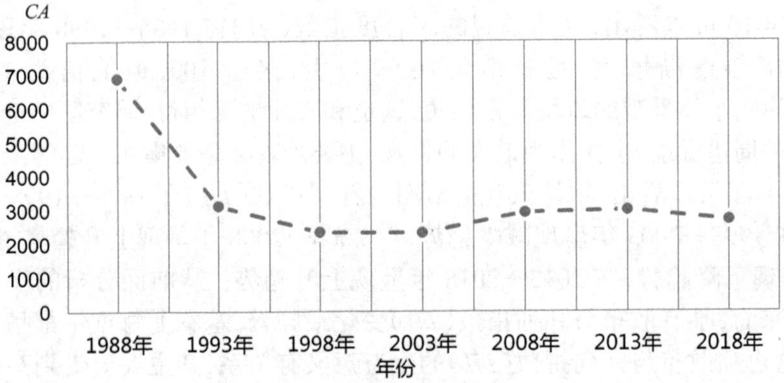

图 4-12 林地景观斑块类型面积

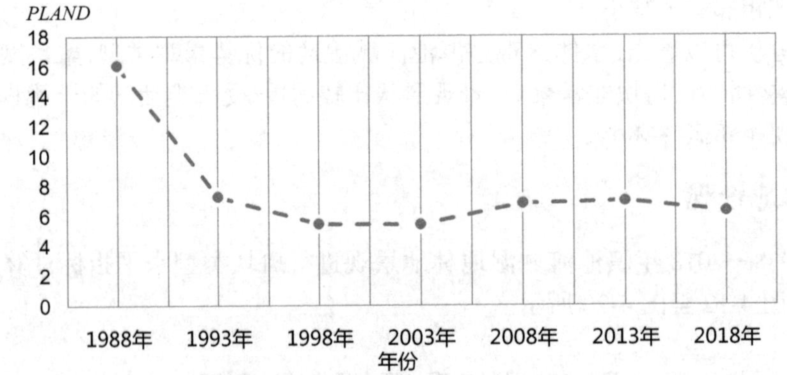

图 4-13 林地景观斑块类型百分比

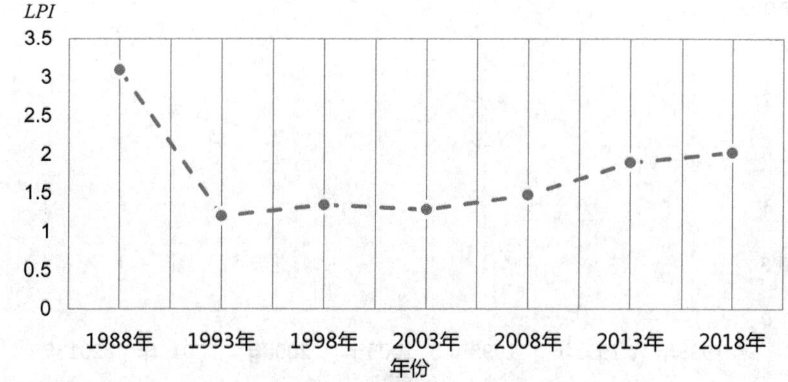

图 4-14 林地景观最大斑块指数

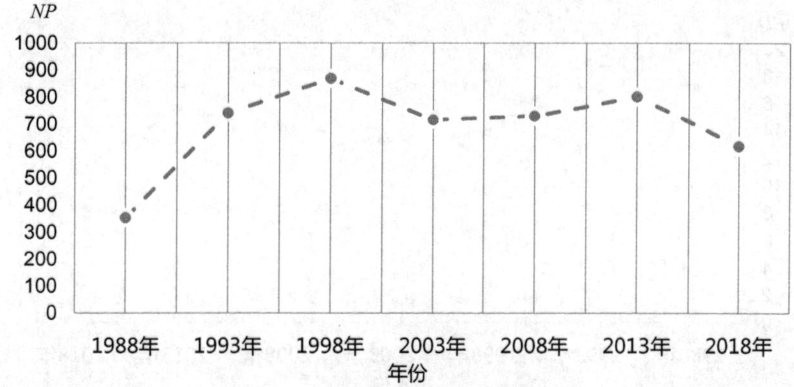

图 4-15 林地景观斑块个数

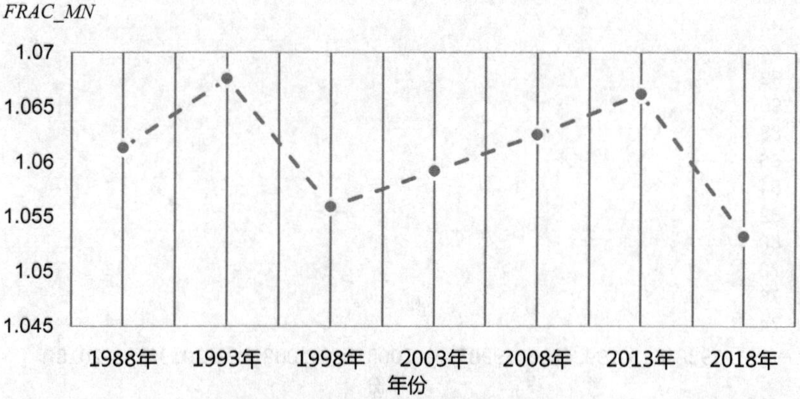

图 4-16 林地景观平均斑块分维数

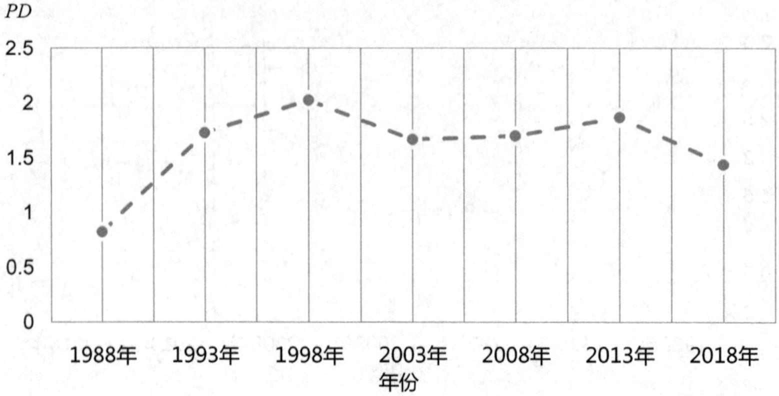

图 4-17　林地景观斑块密度

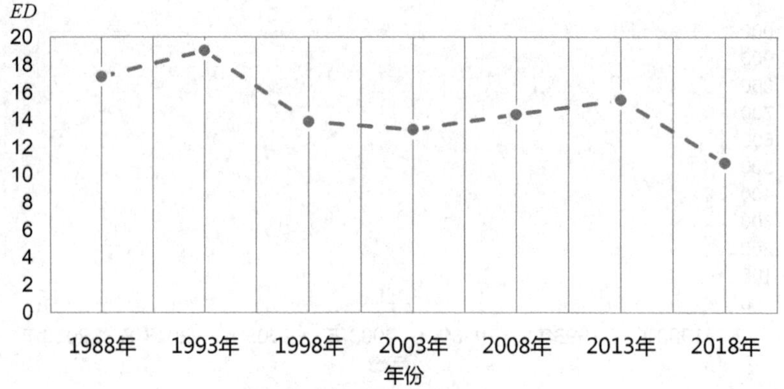

图 4-18　林地景观边界密度

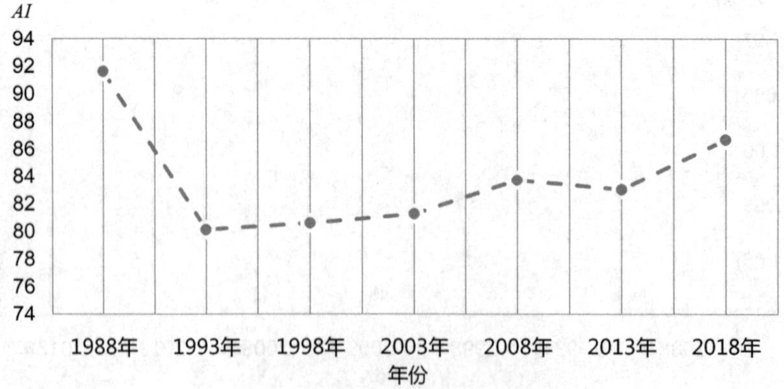

图 4-19　林地景观聚合度指数

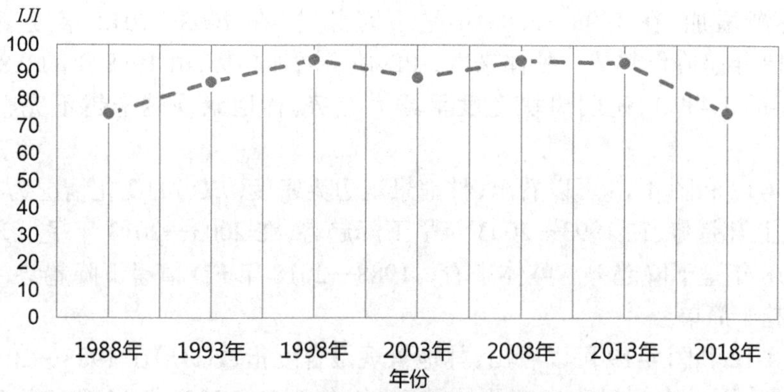

图 4-20　林地景观散布与并列指数

从表 4-12 和图 4-12 可以看出，林地景观斑块类型面积（*CA*）在 1988—2018 年整体呈现下降趋势，不同时间段内其值略有波动，具体情况是在 1988—2003 年持续下降，在 2003—2013 年持续上升，在 2013—2018 年略有下降。

从表 4-12 和图 4-13 可以看出，林地景观斑块类型百分比（*PLAND*）变化情况和林地景观斑块类型面积（*CA*）变化情况相同，也是先下降再上升最后又下降。虽然在 2003—2013 年林地景观斑块类型百分比（*PLAND*）有所上升，但是从整体来看下降趋势，*PLAND* 值从 1988 年的 16.058 4 下降到 2018 年的 6.295 5，说明其景观丰度不断下降。

从表 4-12 和图 4-14 可以看出，林地景观类型最大斑块指数（*LPI*）变化情况为在 1988—1993 年呈下降趋势，在 1993—1998 年呈上升趋势，在 1998—2003 年呈下降趋势，在 2003—2018 年持续上升。整体来看，1988—2018 年 LPI 值从 3.092 下降到 2.026，说明林地景观类型在景观中的优势度降低，不过 2003 年后，林地的景观优势度渐渐回升。

从表 4-12 和图 4-15 可以看出，林地景观斑块个数（*NP*）从 1988 年的 353 增加到 2018 年的 617，虽然在 1988—2018 年 *NP* 值有时呈现上升趋势，有时呈现下降趋势，但是从整体来看 *NP* 值呈现上升趋势，说明林地景观破碎度变高，林地景观在这三十年间变得更加破碎化。

从表 4-12 和图 4-16 可以看出，林地景观平均斑块分维数（*FRAC_MN*）变化情况为在 1988—1993 年呈上升趋势，在 1993—1998 年呈下降趋势，在 1998—2013 年呈上升趋势，在 2013—2018 年呈下降趋势。整体来看，FRAC_MN 值从 1988 年的 1.061 3 下降到 2018 年的 1.053 2，但均接近 1，说明林地景观类型受人类活动影响较大，并且该类景观受人类活动影响越来越强。

从表 4-12 和图 4-17 可以看出，林地景观斑块密度（*PD*）的变化情况为在 1988—

1998 年逐渐增加，在 1998—2003 年呈下降趋势，在 2003—2013 年逐渐增大，在 2013—2018 年呈降低趋势。整体来看，PD 值呈增加趋势，由 1988 年的 0.822 2 增加到 2018 年的 1.437 1，说明斑块密度呈增大趋势，林地景观越来越不完整，越来越破碎。

从表 4-12 和图 4-18 可以看出，林地景观边界密度（*ED*）的变化情况为在 1988—1993 年呈上升趋势，在 1993—2003 年呈下降趋势，在 2003—2013 年呈上升趋势，在 2013—2018 年呈下降趋势。整体来看，1988—2018 年 ED 值呈下降趋势，说明林地景观形状趋于简单。

从表 4-12 和图 4-19 可以看出，林地景观聚合度指数（*AI*）在 1988—2018 年整体呈下降趋势，不过中间过程也有不同波动，如在 1993—2008 年出现略微上涨现象，2013—2018 年也出现了上涨趋势。说明整体来看，林地景观聚集度呈现下降趋势，尤其是在 1988—1993 年 AI 值下降比较快，林地景观聚集状态更小，越发分散。

从表 4-12 和图 4-20 可以看出，林地景观散布与并列指数（*IJI*）变化情况为在 1988—1998 年逐渐增大，在 1998—2003 年逐渐降低，在 2003—2008 年呈上升趋势，在 2008—2018 年呈下降趋势。整体来看，林地景观散布与并列指数（*IJI*）在 1988—2018 年呈现略微上涨趋势，尤其在 1988—1998 年上涨量较大，说明林地景观和其他类型景观相邻概率增大。

从以上分析可知，在 1988—2018 年，林地景观面积呈现下降趋势，景观优势度和丰度不断降低，景观逐渐有分散情况，景观呈现破碎化趋势，和其他类型景观相邻概率增大，受人类活动影响较大，并且受人类活动影响越来越强。

4.2.3 草地景观

对 1988—2018 年滇池流域湿地草地景观进行斑块类型水平指标计算，结果如表 4-13 和图 4-21 至图 4-29 所示。

表 4-13 草地景观类型水平指标计算结果

年份	*CA*	*PLAND*	*LPI*	*NP*	*FRAC_MN*	*PD*	*ED*	*AI*	*IJI*
1988 年	78.21	0.182 2	0.041 9	62	1.041 2	0.144 4	0.702 9	73.257 9	53.871
1993 年	1 037.07	2.415 5	0.413 6	287	1.048 5	0.668 5	5.322 4	83.710 7	73.289 9
1998 年	892.89	2.079 7	0.366	433	1.047 6	1.008 5	6.568 3	76.652 1	75.278 1
2003 年	2 514.96	5.857 8	0.728 2	773	1.056 2	1.800 5	16.067 8	79.347 6	93.211 7
2008 年	2 028.24	4.724 1	0.466 8	824	1.056 6	1.919 2	14.293	77.317 9	82.521 3
2013 年	2 160.99	5.033 3	0.299 1	574	1.057 8	1.336 9	13.012 2	80.916 8	89.904 9

续表

年份	*CA*	*PLAND*	*LPI*	*NP*	*FRAC_MN*	*PD*	*ED*	*AI*	*IJI*
2018 年	2 515.5	5.859	0.224 1	746	1.059 1	1.737 6	16.495 5	79.042 6	74.529 3

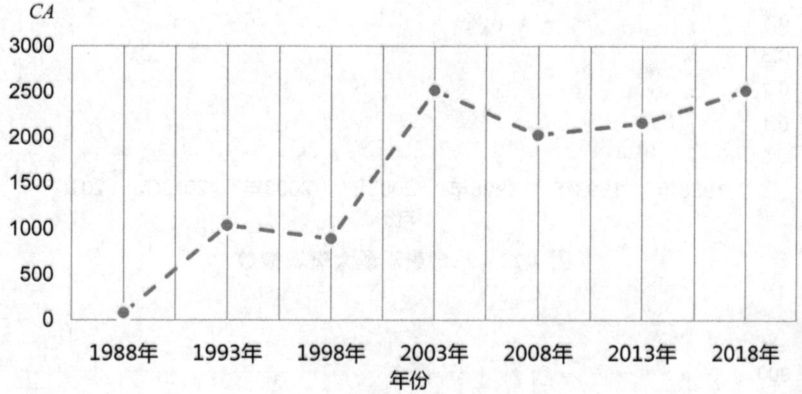

图 4-21　草地景观斑块类型面积

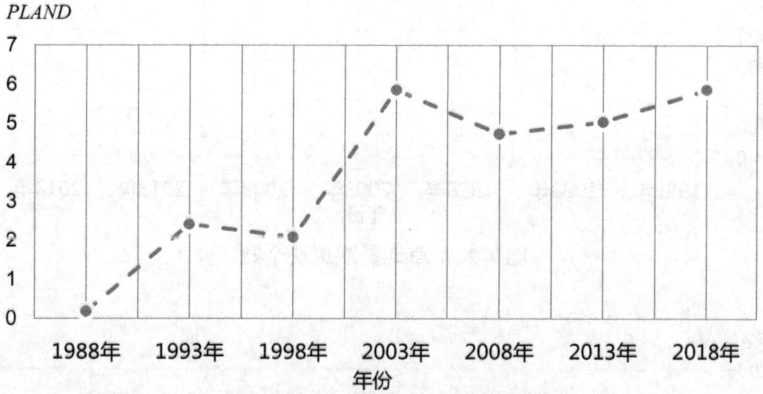

图 4-22　草地景观斑块类型百分比

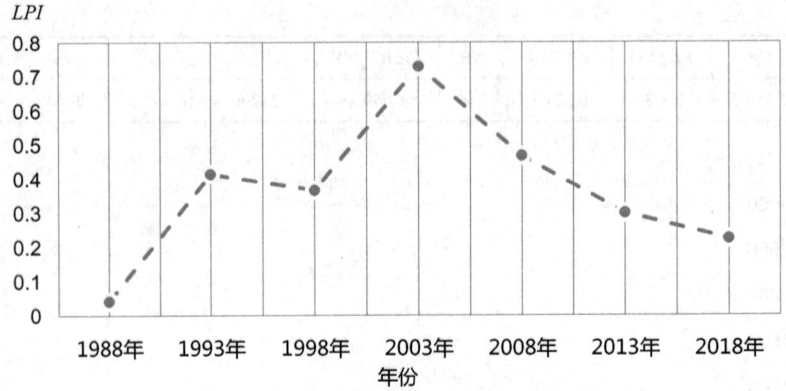

图 4-23　草地景观最大斑块指数

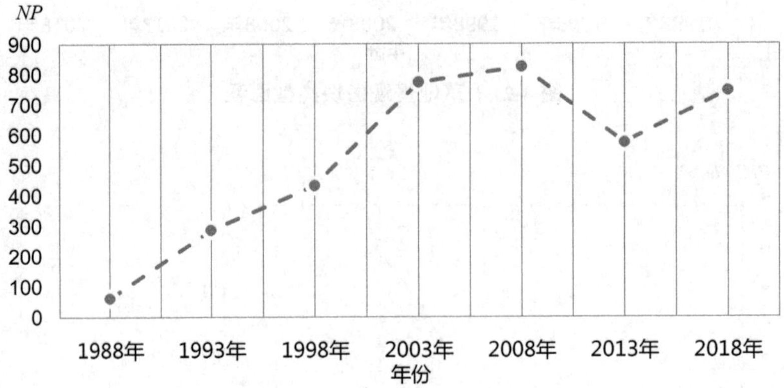

图 4-24　草地景观斑块个数

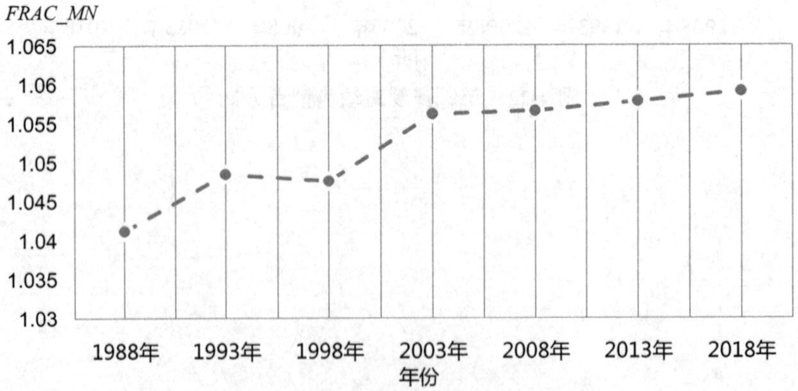

图 4-25　草地景观平均斑块分维数

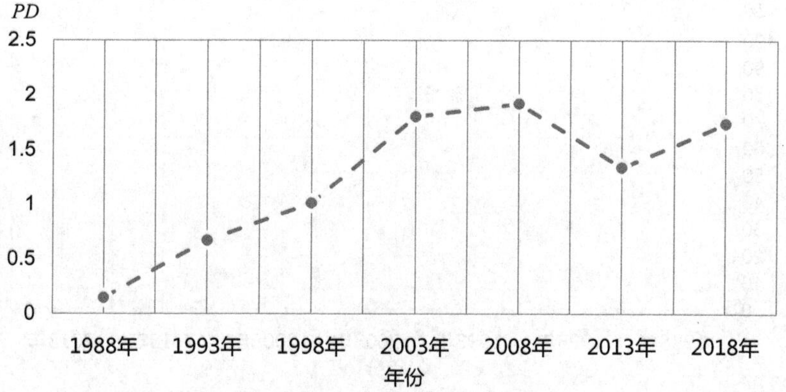

图 4-26　草地景观斑块密度

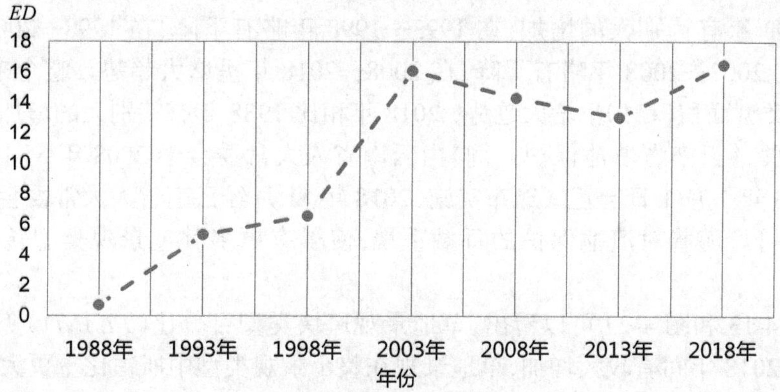

图 4-27　草地景观边界密度

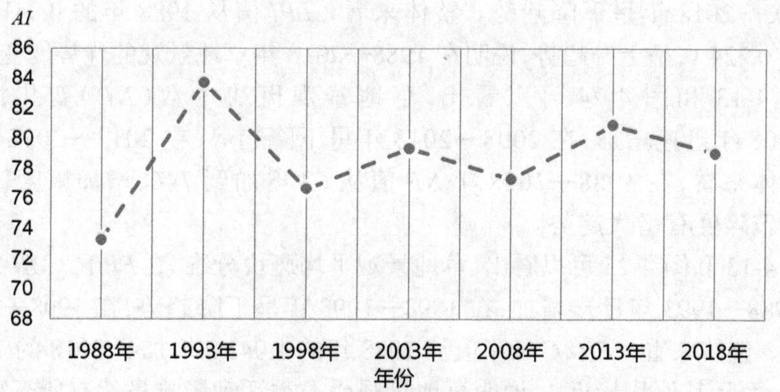

图 4-28　草地景观聚合度指数

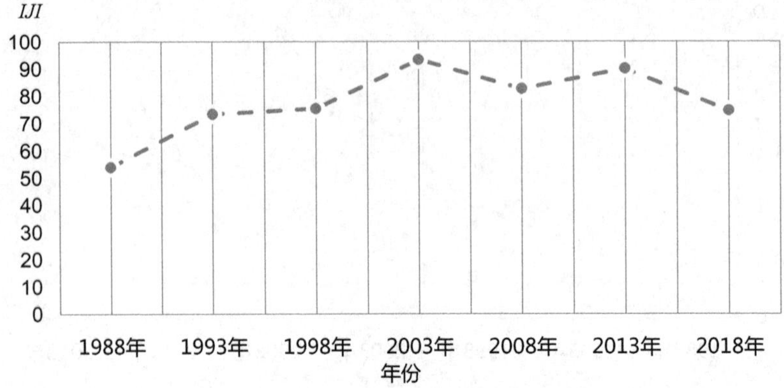

图 4-29　草地景观散布与并列指数

从表 4-13 和图 4-21 可以看出，草地景观斑块类型面积（*CA*）的变化情况为在 1988—1993 年有特别大的增加，在 1993—1998 年略有下降，在 1998—2003 年呈增大趋势，在 2003—2008 年略有下降，在 2008—2018 年呈增大趋势。整个来看，草地景观斑块类型面积（*CA*）呈增大趋势，2018 年相比 1988 年有特别大的增加。这和滇池保护有关，《云南省滇池保护条例》由云南省人大常委会于 2008 年 5 月组织起草制定，2013 年 1 月 1 日起正式颁布实施，2018 年 11 月经云南省人大常委会批准进行了局部修订。随着对滇池保护的日益重视，使得有更多其他景观类型转化为草地景观。

从表 4-13 和图 4-22 可以看出，草地景观斑块类型百分比（*PLAND*）变化情况为在 1988—2018 年间有较大增加，草地景观在整个景观类型中所占比重更大。

从表 4-13 和图 4-23 可以得到，草地景观最大斑块指数（*LPI*）变化情况为在 1988—1993 年有较大增加，在 1993—1998 年略有下降，在 1998—2003 年呈上升趋势，在 2003—2018 年呈下降趋势。整体来看，*LPI* 值从 1988 年的 0.041 9 增加到 2018 年的 0.224 1，呈上升趋势，说明在 1988—2018 年草地景观的优势度变大。

从表 4-13 和图 4-24 可以看出，草地景观斑块个数（*NP*）变化情况为在 1988—2008 年迅速增加，在 2008—2013 年呈下降趋势，在 2013—2018 年呈上升趋势。整体来看，在 1988—2018 年 *NP* 值从 62 增加到 746，增加幅度较大，说明草地景观破碎度有增大趋势。

从表 4-13 和图 4-25 可以看出，草地景观平均斑块分维数（*FRAC_MN*）的变化情况为在 1988—1993 年逐步增加，在 1993—1998 年呈下降趋势，在 1998—2018 年呈增加趋势。整体来看，*FRAC_MN* 值从 1988 年的 1.041 2 增加到 2018 的 1.059 1，呈增加趋势，而且其值均接近 1，说明草地景观受人类活动影响虽然有所下降，但仍然较大。

从表 4-13 和图 4-26 可以看出，草地景观斑块密度（*PD*）的变化情况为在 1988—2008 年逐渐增加，在 2008—2013 年逐渐下降，在 2013—2018 年又再次增加。虽然 *PD* 值在 1988—2018 年经历了增加、减少、再增加的过程，但整体来看，*PD* 值是增加的，说明草地景观变得越来越不完整，越来越破碎。

从表 4-13 和图 4-27 可以看出，草地景观边界密度（*ED*）的变化情况为在 1988—2003 年呈增加趋势，在 2003—2013 年呈下降趋势，在 2013—2018 年又再次出现增加趋势。整体来看，*ED* 值从 1988 年的 0.702 9 增加到 2018 年的 16.495 5，*ED* 值增加幅度是比较大的，说明草地景观形状越来越复杂。

从表 4-13 和图 4-28 可以看出，草地景观聚合度指数（*AI*）的变化情况为在 1988—1993 年呈现增加趋势，在 1993—1998 年呈现下降趋势，在 1998—2003 年呈现增加趋势，在 2003—2008 年呈现下降趋势，在 2008—2013 年呈增加趋势，在 2013—2018 年呈现下降趋势。虽然 *AI* 值在不同时间段呈现不同的增加和下降趋势，但整体来看，*AI* 值从 1988 年的 73.257 9 增加到 2018 年的 79.042 6，说明草地景观逐步变得更加聚集，但增加的聚集度不大。

从表 4-13 和图 4-29 可以看出，草地景观散布与并列指数（*IJI*）的变化情况为在 1988—2003 年逐渐增大，在 2003—2008 年逐渐降低，在 2008—2013 年逐渐增加，在 2013—2018 年又再次降低。*IJI* 值在 1988—2018 年的变化比较复杂，但整体来看，*IJI* 值从 1988 年的 53.871 增加到 2018 年的 74.529 3，呈增大趋势，说明草地景观和其他类型景观相邻概率增加。

综上分析可以看出，1988—2018 年草地景观类型面积有增大趋势，草地景观的优势度逐渐变大，受人类活动影响虽然降低但仍不小，景观破碎化增加，景观聚集度增加，和其他类型景观相邻概率增加。

4.2.4　耕地景观

对 1988—2018 年滇池流域湿地耕地景观进行斑块类型水平指标计算，结果如表 4-14 和图 4-30 至图 4-38 所示。

表 4-14　耕地景观类型水平指标计算结果

年份	*CA*	*PLAND*	*LPI*	*NP*	*FRAC_MN*	*PD*	*ED*	*AI*	*IJI*
1988 年	2 253.24	5.248 2	1.069 7	747	1.053 8	1.739 9	13.624 3	80.289 4	65.352 9
1993 年	6 028.83	14.042 2	2.768 7	477	1.061 5	1.111	19.524 6	89.112 5	81.985 3
1998 年	2 430.9	5.662	2.166 5	918	1.055 5	2.138 2	15.281 7	79.359 7	79.538 8
2003 年	1 271.61	2.961 8	0.637 7	463	1.045 5	1.078 4	7.227 2	81.388 3	63.33

续表

年份	*CA*	*PLAND*	*LPI*	*NP*	*FRAC_MN*	*PD*	*ED*	*AI*	*IJI*
2008 年	3 031.29	7.060 4	1.291 7	600	1.048 4	1.397 5	12.410 6	86.413 7	73.780 5
2013 年	1 758.6	4.096 1	0.477 5	638	1.050 6	1.486	10.271 7	80.778 4	62.164 3
2018 年	1 112.22	2.590 6	0.441 9	454	1.048 6	1.057 4	7.674 4	77.324 1	41.841 1

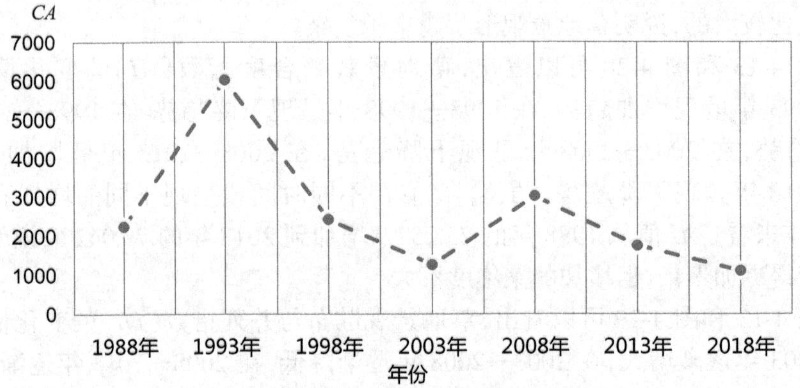

图 4-30 耕地景观斑块类型面积

图 4-31 耕地景观斑块类型百分比

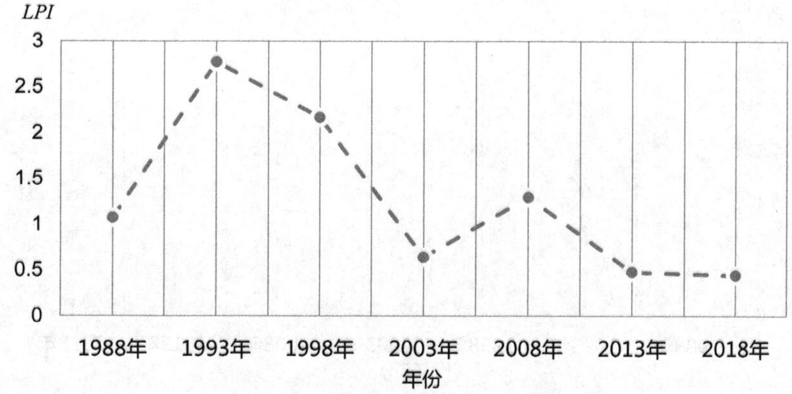

图 4-32　耕地景观最大斑块指数

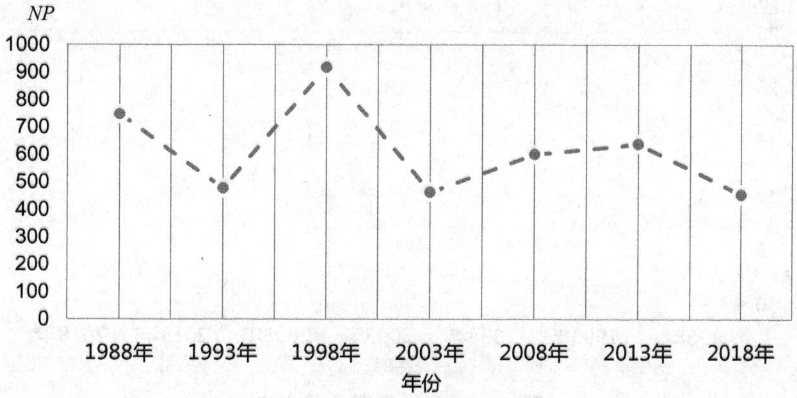

图 4-33　耕地景观斑块个数

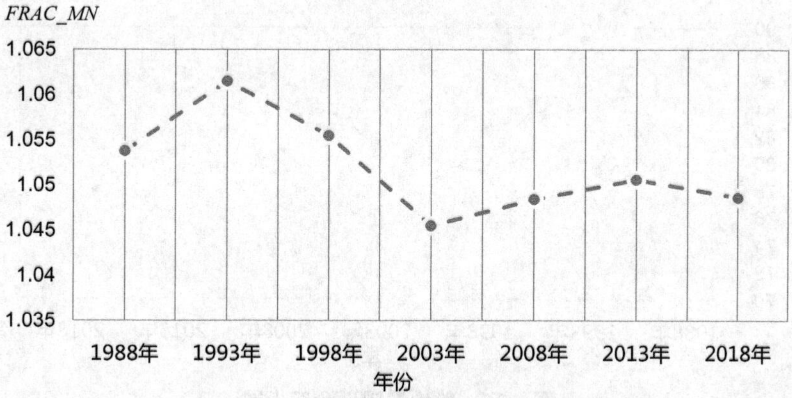

图 4-34　耕地景观平均斑块分维数

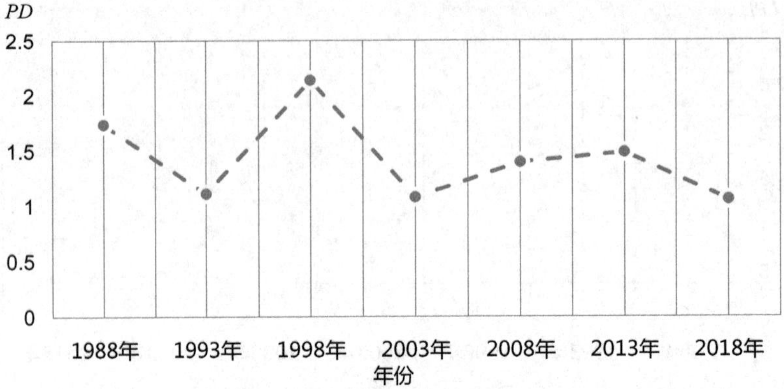

图 4-35 耕地景观斑块密度

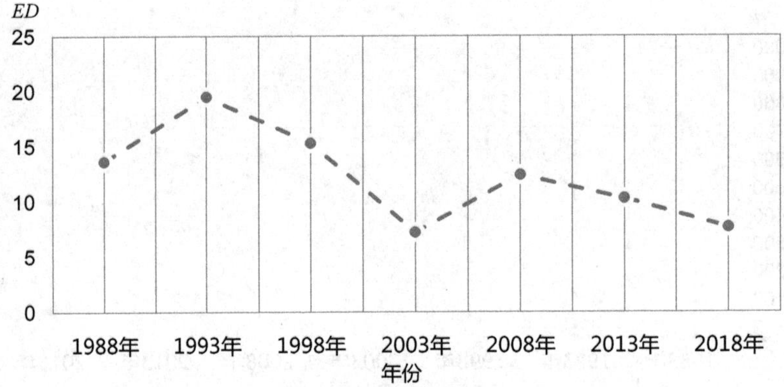

图 4-36 耕地景观边界密度

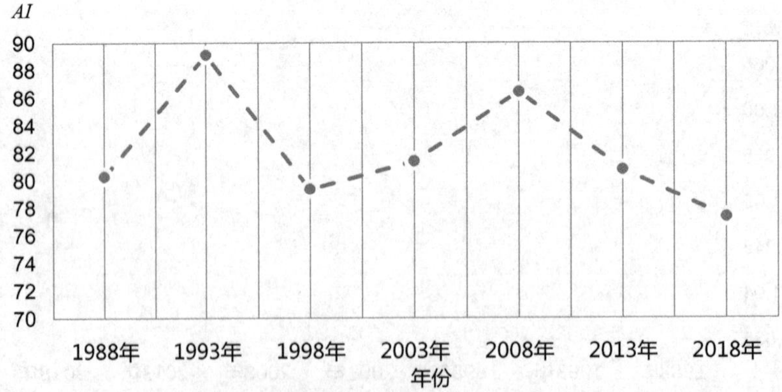

图 4-37 耕地景观聚合度指数

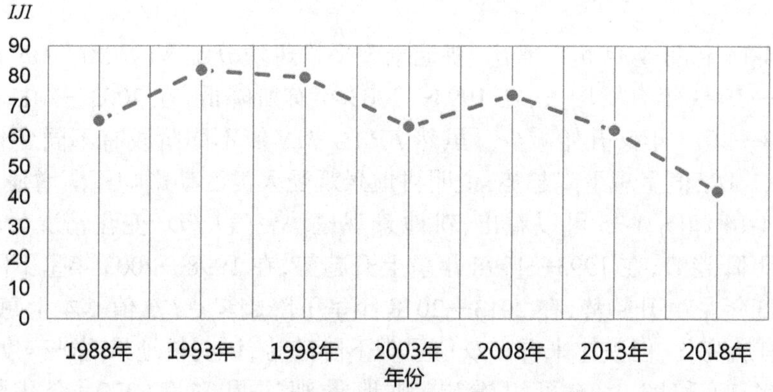

图 4-38　耕地景观散布与并列指数

从表 4-14 和图 4-30 可以看出，耕地景观的斑块类型面积（*CA*）的变化情况为在 1988—1993 年呈现增加趋势,在 1993—2003 年呈现下降趋势，且下降很快，在 2003—2008 年呈现增加趋势，在 2008—2013 年再次下降。整体来看，耕地景观的斑块类型面积（*CA*）呈下降趋势，而且 2018 年相比 1988 年降低了很多。这与国家及云南省退耕还林还草政策密切相关。云南省退耕还林补助政策从 2003 年开始实行，2008 年云南省还出台了《云南省人民政府办公厅关于完善政策鼓励和引导社会资本推进新一轮退耕还林还草工程建设的指导意见》，明确了鼓励和引导社会资本推进新一轮退耕还林还草工程建设的有关政策措施。经过多年的政策引导，可以看出滇池周边耕地景观斑块类型面积（*CA*）在逐渐降低，尤其是在 2013 年和 2018 年降低得数量最多。

从表 4-14 和图 4-31 可以看出，耕地景观的斑块类型百分比（*PLAND*）变化情况和耕地景观的斑块类型面积（*CA*）变化情况相同， 2018 年的耕地景观的斑块类型百分比（*PLAND*）和 1988 年相比下降了不少，说明耕地景观在湿地景观中所占比例越来越小。

从表 4-14 和图 4-32 可以看出，耕地景观最大斑块指数（*LPI*）变化情况为在 1988—1993 年增大，在 1993—2003 年降低，在 2003—2008 年增大，在 2008—2018 年降低。整体来看， *LPI* 值在 1988—2018 年呈降低趋势，说明耕地景观优势度逐渐降低。

从表 4-14 和图 4-33 可以看出，耕地景观的斑块个数（*NP*）变化情况为在 1988—1993 年呈下降趋势，在 1993—1998 年呈上升趋势，在 1998—2003 年呈下降趋势，在 2003—2013 年呈上升趋势，在 2013—2018 年呈下降趋势。虽然 *NP* 值在 1988—2018 年变化波动很大，但整体来看， *NP* 值呈现下降趋势，说明耕地景观破碎度有所降低。

从表 4-14 和图 4-34 可以看出，耕地景观平均斑块分维数（*FRAC_MN*）变化情况为在 1988—1993 年有所增大，在 1993—2003 年有所降低，在 2003—2013 年再次增大，在 2013—2018 年又开始减少。虽然 *FRAC_MN* 值不同阶段有不同变化，但整体来看，*FRAC_MN* 值呈现下降趋势，说明耕地景观受人类活动影响逐渐增强。

从表 4-14 和图 4-35 可以看出，耕地景观斑块密度（*PD*）变化情况为在 1988—1993 年呈下降趋势，在 1993—1998 年呈上升趋势，在 1998—2003 年呈下降趋势，在 2003—2013 年呈上升趋势，在 2013—2018 年呈下降趋势。*PD* 值基本上每五年变化趋势都会有所变化，但整体来看，*PD* 值呈现下降趋势，说明耕地景观破碎度降低。

从表 4-14 和图 4-36 可以看出，耕地景观边界密度（*ED*）变化情况为在 1988—1993 年呈上升趋势，在 1993—2003 年呈下降趋势，在 2003—2008 年呈上升趋势，在 2008—2018 年呈下降趋势。整体来看，*ED* 值呈下降趋势，说明耕地景观形状趋于简单。

从表 4-14 和图 4-37 可以看出，耕地景观聚合度指数（*AI*）变化情况为在 1988—1993 年逐渐增加，在 1993—1998 年逐渐降低，在 1998—2008 年再次呈现增加趋势，在 2013—2018 年又呈现下降趋势。整体来看，1988—2018 年耕地景观聚集度指数（*AI*）呈现下降趋势，说明耕地景观离散度增加、聚集度降低。

从表 4-14 和图 4-38 可以看出，耕地景观散布与并列指数（*IJI*）变化情况为在 1988—1993 年呈现上升趋势，在 1993—2003 年呈现下降趋势，在 2003—2008 年再次呈现上升趋势，在 2008—2018 年又一次呈现下降趋势。整体来看，1988—2018 年耕地景观散布与并列指数（*IJI*）呈现下降趋势，说明耕地景观和其他类型景观相邻概率减少。

综上分析可以看出，1988—2018 年耕地景观面积呈现减少趋势，景观破碎度降低，景观聚集度降低，耕地景观形状趋于简单，受人类影响增强，和其他类型景观相邻概率降低。

4.2.5 建设用地景观

对 1988—2018 年滇池流域湿地建设用地景观进行斑块类型水平指标计算，结果如表 4-15 和图 4-39 至图 4-47 所示。

表 4-15 建设用地景观类型水平指标计算结果

年份	*CA*	*PLAND*	*LPI*	*NP*	*FRAC_MN*	*PD*	*ED*	*AI*	*IJI*
1988 年	3 218.13	7.495 6	0.640 6	422	1.059 9	0.982 9	13.524 4	86.200 9	78.792 8

续表

年份	*CA*	*PLAND*	*LPI*	*NP*	*FRAC_MN*	*PD*	*ED*	*AI*	*IJI*
1993 年	2 207.88	5.142 5	0.585 5	543	1.051 9	1.264 7	11.380 6	83.2	64.827 4
1998 年	5 679.09	13.227 6	2.594 3	316	1.059 8	0.736	16.540 9	90.272 8	85.507 1
2003 年	4 667.67	10.871 8	2.282 8	419	1.055 8	0.975 9	16.482 2	88.260 9	93.688 6
2008 年	3 913.29	9.114 7	2.752 4	464	1.056 9	1.080 7	15.696 8	86.737 4	93.876 9
2013 年	5 209.74	12.134 4	2.917 4	349	1.055 1	0.812 9	18.115 9	88.252 2	91.916 9
2018 年	6 173.46	14.379 1	1.989 4	388	1.056 2	0.903 7	21.286 8	88.318 8	86.881

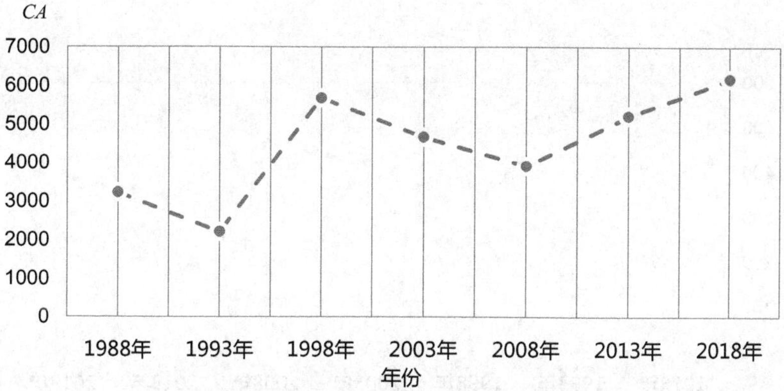

图 4-39　建设用地景观斑块类型面积

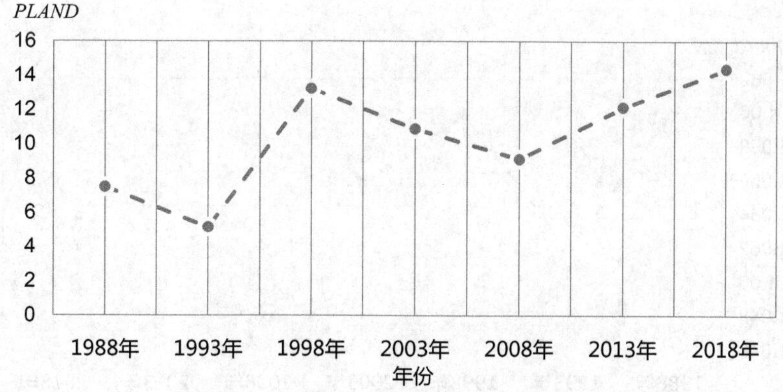

图 4-40　建设用地景观斑块类型百分比

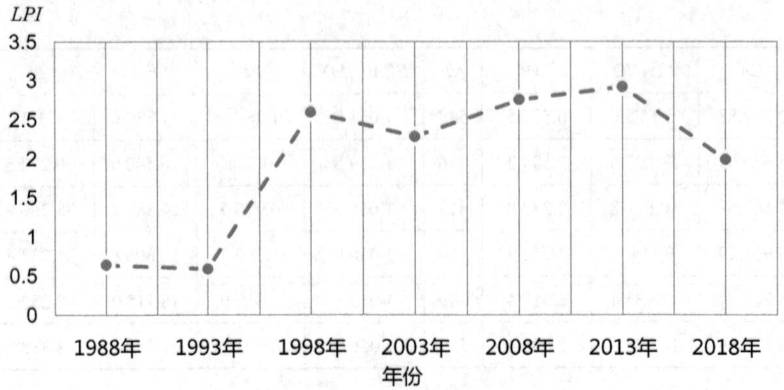

图 4-41　建设用地景观最大斑块指数

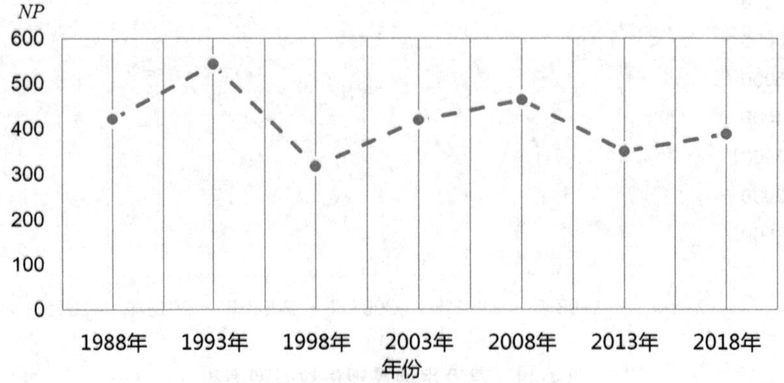

图 4-42　建设用地景观斑块个数

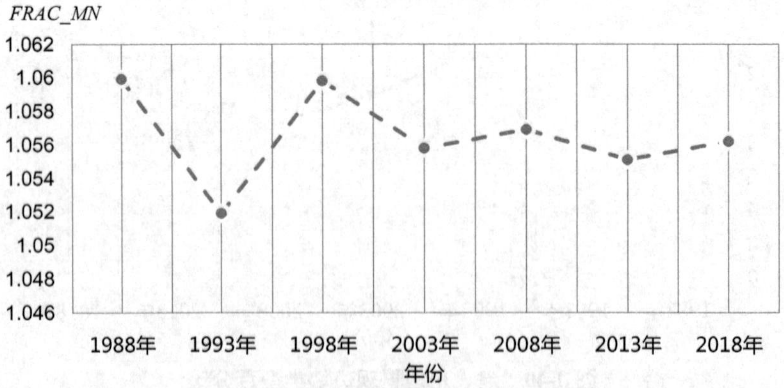

图 4-43　建设用地景观平均斑块分维数

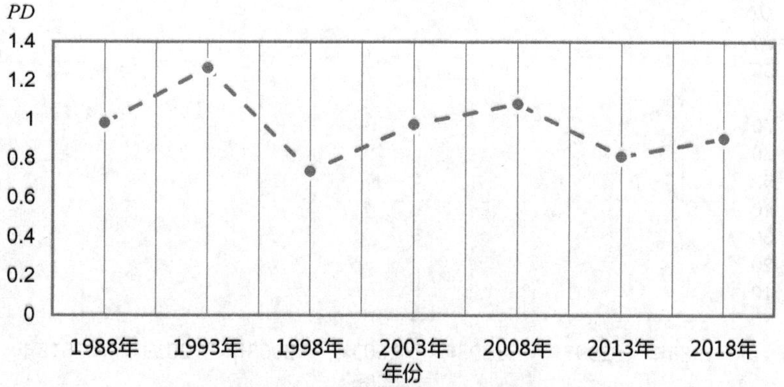

图 4-44　建设用地景观斑块密度

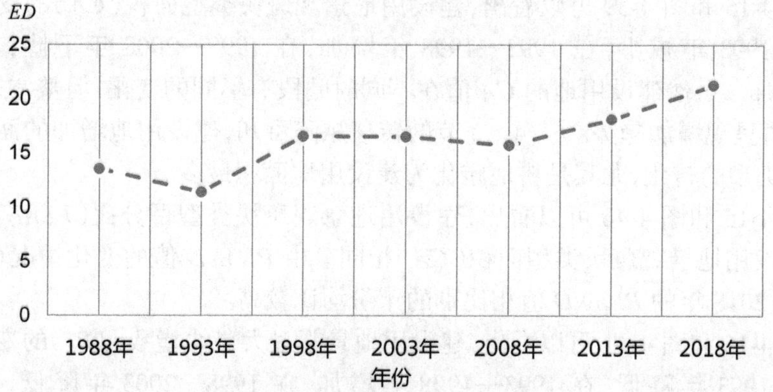

图 4-45　建设用地景观边界密度

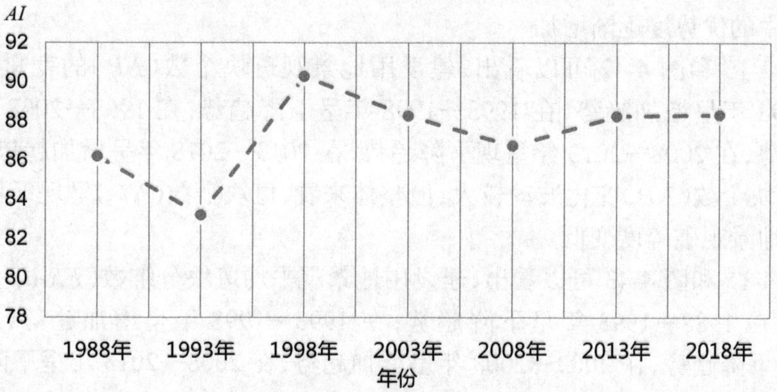

图 4-46　建设用地景观聚合度指数

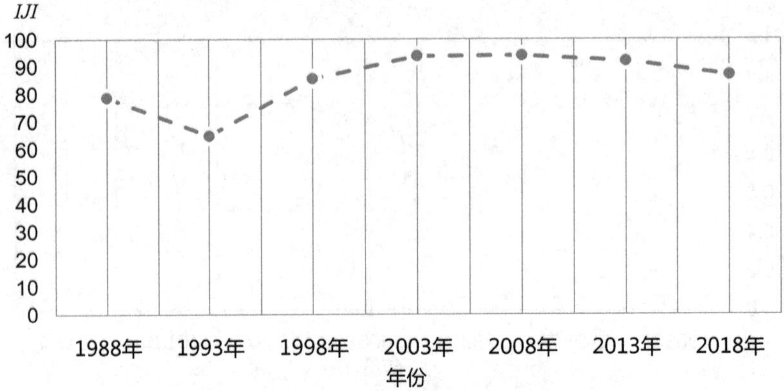

图 4-47　建设用地景观散布与并列指数

从表 4-15 和图 4-39 可以看出，建设用地景观斑块类型面积（*CA*）的变化情况为在 1988—1993 年减少，在 1993—1998 年增加，在 1998—2008 年下降，在 2008—2018 年增加。虽然建设用地的 *CA* 值在不同时间段有不同的变化，但整体来看，建设用地 *CA* 值呈现增加趋势。从 4.1.2 节的转移矩阵可知，建设用地增加的面积均来自其他景观类型的转化，尤其是耕地转化为建设用地面积最多。

从表 4-15 和图 4-40 可以看出，建设用地景观斑块类型百分比（*PLAND*）的变化趋势和建设用地景观斑块类型面积（*CA*）相同。由 *PLAND* 值的变化情况可以看出，1998 年和 2018 年的 *PLAND* 值相比别的年份均比较高。

从表 4-15 和图 4-41 可以看出，建设用地景观最大斑块指数（*LPI*）的变化情况为在 1988—1993 年降低，在 1993—1998 年增加，在 1998—2003 年降低，在 2003—2013 年增加，在 2013—2018 年降低。*LPI* 值基本上每隔 5 年就会有不同的变化，但整体来看，建设用地景观最大斑块指数（*LPI*）呈上升趋势，说明建设用地景观在整个景观类型中的优势度逐渐增加。

从表 4-15 和图 4-42 可以看出，建设用地景观斑块个数（*NP*）的变化情况为在 1988—1993 年呈增加趋势，在 1993—1998 年呈下降趋势，在 1998—2008 年再次呈现增加趋势，在 2008—2013 年呈现下降趋势，在 2013—2018 年呈增加趋势。1988—2018 年斑块个数（*NP*）变化波动较大，但整体来看，斑块个数（*NP*）呈现下降趋势，说明建设用地景观破碎度变低。

从表 4-15 和图 4-43 可以看出，建设用地景观平均斑块分维数（*FRAC_MN*）的变化情况为在 1988—1993 年呈下降趋势，在 1993—1998 年呈增加趋势，在 1998—2003 年呈下降趋势，在 2003—2008 年呈增加趋势，在 2008—2013 年呈下降趋势，在 2013—2018 年呈增加趋势。平均分维数（*FRAC_MN*）每隔五年变化情况均不同，但整体来看，*FRAC_MN* 值呈现下降趋势，说明建设用地景观受人类活动干扰逐渐增强。

从表 4-15 和图 4-44 可以看出，建设用地景观斑块密度（*PD*）的变化情况为在 1988—1993 年增大，在 1993—1998 年减少，在 1998—2008 年增加，在 2008—2013 年减少，在 2013—2018 年增加。整体来看，建设用地斑块密度（*PD*）呈下降趋势，说明建设用地景观趋于完整，景观破碎度降低。

从表 4-15 和图 4-45 可以看出，建设用地景观边界密度（*ED*）的变化情况为在 1988—1993 年呈下降趋势，在 1993—1998 年呈上升趋势，在 1998—2008 年呈下降趋势，在 2008—2018 年呈上升趋势。整体来看，*ED* 值呈现上升趋势，说明建设用地景观边界长度变长，形状趋向复杂化。

从表 4-15 和图 4-46 可以看出，建设用地景观聚合度指数（*AI*）的变化情况为在 1988—1993 年变小，在 1993—1998 年增加，在 1998—2008 年增加，在 2008—2018 年增加。整体来看，*AI* 值有增大趋势，说明建设用地景观聚集度增加，斑块更加聚集。

从表 4-15 和图 4-47 可以看出，建设用地景观散布与并列指数（*IJI*）的变化情况为在 1988—1993 年减少，在 1993—2008 年增加，在 2008—2018 年减少。整体来看，IJI 值呈增加趋势，说明建设用地景观和其他类型景观相邻概率增加。

综上分析，建设用地景观斑块类型面积增加、优势度增大、破碎度减小，建设用地景观斑块更加聚集，和其他类型景观相邻概率增加，受人类活动影响逐渐增强。

4.2.6　其他用地景观

对 1988—2018 年滇池流域湿地其他用地景观进行斑块类型水平指标计算，结果如表 4-16 和图 4-48 至图 4-56 所示。

表 4-16　其他用地景观类型水平指标计算结果

年份	*CA*	*PLAND*	*LPI*	*NP*	*FRAC_MN*	*PD*	*ED*	*AI*	*IJI*
1988 年	1 114.47	2.595 8	0.659 1	166	1.052 9	0.386 6	3.729 2	89.019 3	47.973 1
1993 年	814.5	1.897 1	0.506 5	195	1.051 2	0.454 2	3.928 4	84.421 2	86.520 1
1998 年	837.63	1.951	0.407 9	175	1.053 7	0.407 6	3.785 8	85.353 7	49.770 1
2003 年	1 835.55	4.275 3	0.427	433	1.051	1.008 5	9.301 1	83.389 3	68.632 6
2008 年	738.54	1.720 2	0.390 7	207	1.047	0.482 1	3.76	83.622 9	56.733 8
2013 年	971.46	2.262 7	0.407 9	333	1.051 6	0.775 6	6.098	79.892 4	70.717 4
2018 年	172.35	0.401 4	0.028 5	119	1.042 5	0.277 2	1.509 3	73.169 4	52.649 8

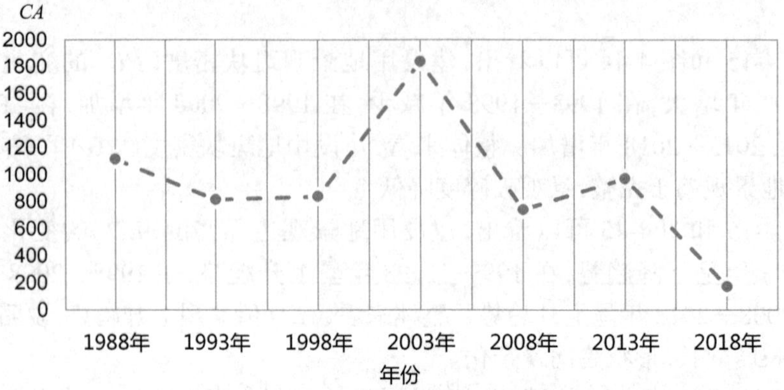

图 4-48　其他用地景观斑块类型面积

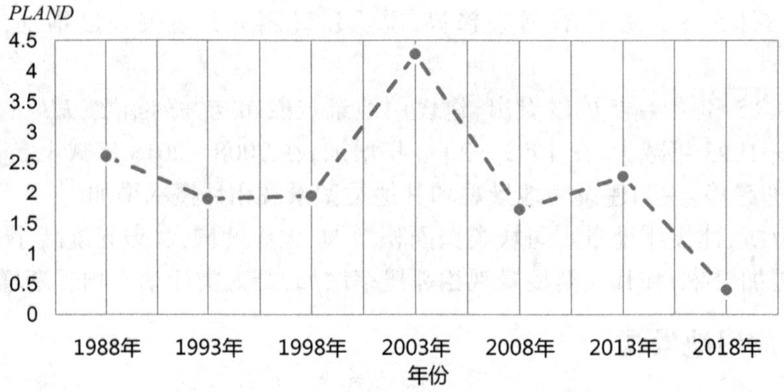

图 4-49　其他用地景观斑块类型百分比

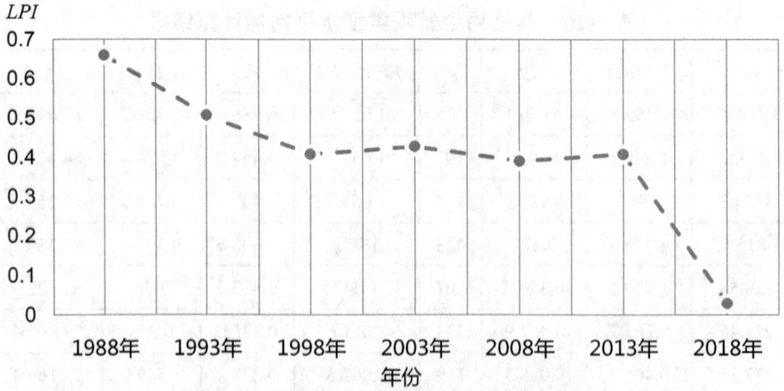

图 4-50　其他用地景观最大斑块指数

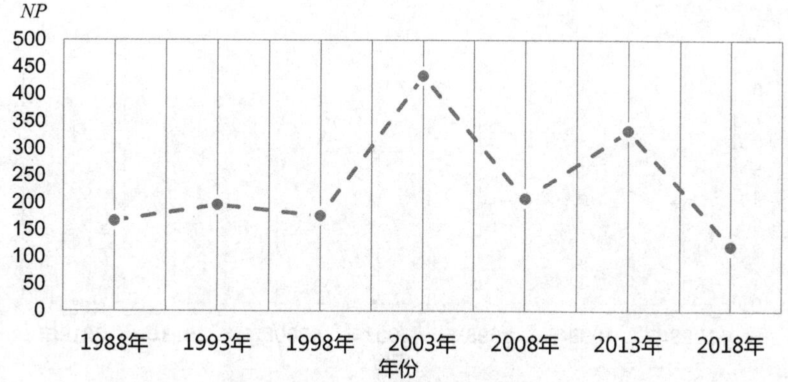

图 4-51　其他用地景观斑块个数

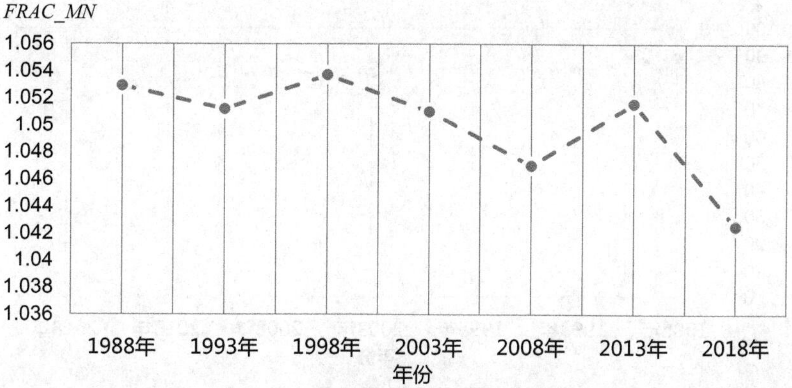

图 4-52　其他用地景观平均斑块分维数

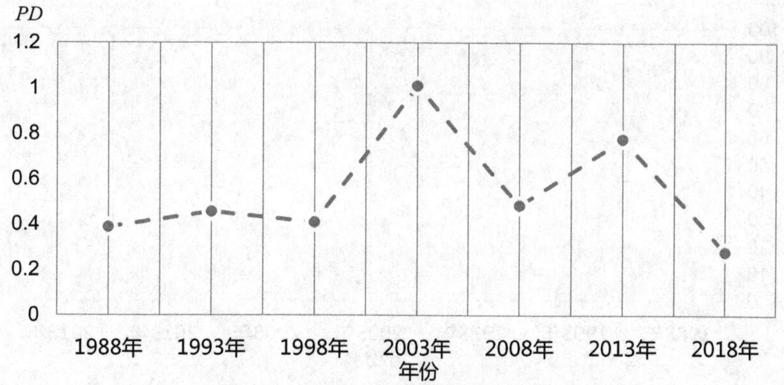

图 4-53　其他用地景观斑块密度

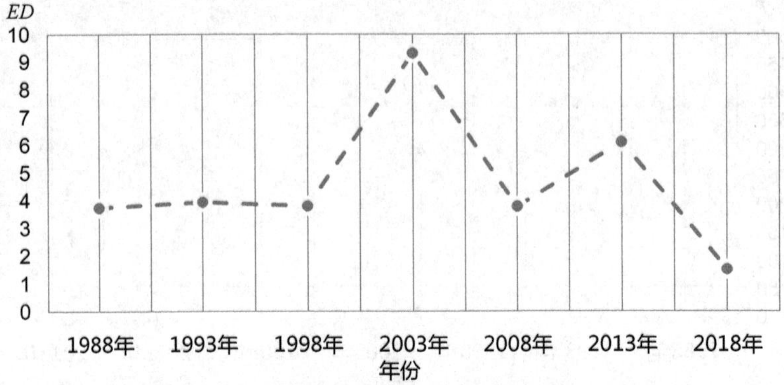

图 4-54 其他用地景观边界密度

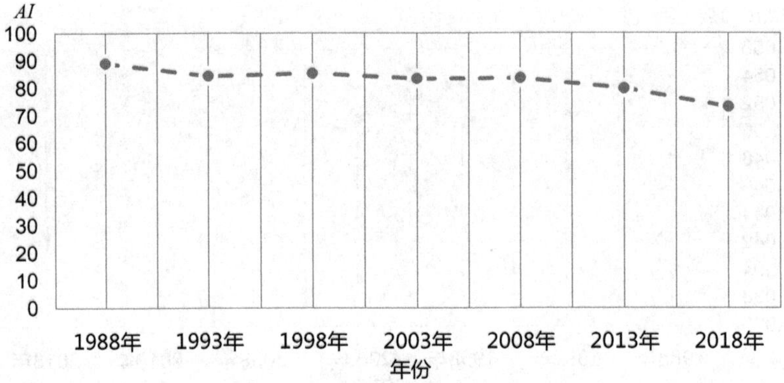

图 4-55 其他用地景观聚合度指数

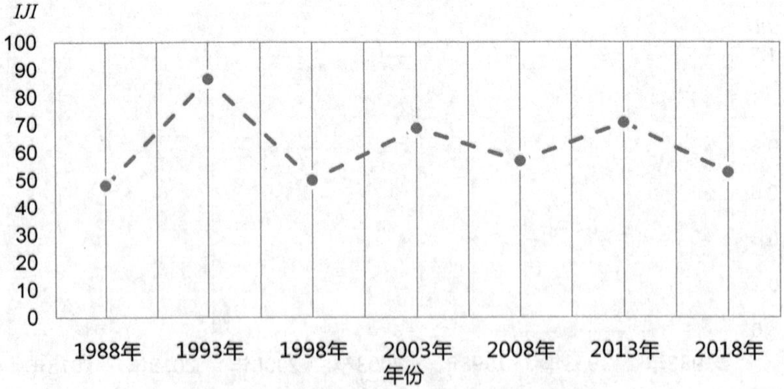

图 4-56 其他用地景观散布与并列指数

从表 4-16 和图 4-48 可以看出，其他用地景观斑块类型面积（*CA*）的变化情况为在 1988—1993 年呈降低趋势，在 1993—2003 年呈增加趋势，在 2003—2008 年减少，在 2008—2013 增加，在 2013—2018 年减少。整体来看，1988—2018 年 *CA* 值处于减少状态，而且减少的数量比较多。本书研究中选择的其他用地类别基本上是裸地，从 4.1.2 节的转移矩阵可知，其他用地转化为建设用地和林地面积比较多，这也和实际情况相符，由于研究中选择的其他用地类别基本上是裸土，包括一些石漠化的土地，经过近几年的治理，石漠化现象没有那么严重，基本上很多原来石漠化的地方都重新长出了植被，另外也有一些以前未被开发的区域变成建设用地。

从表 4-16 和图 4-49 可以看出，其他用地景观斑块类型百分比（*PLAND*）的变化情况和斑块类型面积（*CA*）变化情况相同，1988—2018 年 *PLAND* 值变化很大，呈减小趋势，减少数量很大。

从表 4-16 及图 4-50 可以看出，其他用地景观最大斑块指数（*LPI*）的变化情况为在 1988—1998 年呈持续下降趋势，在 1998—2003 年略有上升，在 2003—2008 年呈下降趋势，在 2008—2013 年呈上升趋势，在 2013—2018 年呈急剧下降趋势。整体来看，*LPI* 值呈下降趋势，而且下降的比例很大，说明其他用地景观在整个景观中的优势度逐渐降低，而且优势度下降很快。

从表 4-16 及图 4-51 可以看出，其他用地景观斑块个数（*NP*）的变化情况为在 1988—1993 年呈增加趋势，在 1993—1998 年呈下降趋势，在 1998—2003 年呈上升趋势，且 *NP* 值增加比例比较大，在 2003—2008 年呈下降趋势，在 2008—2013 年呈上升趋势，在 2013—2018 年呈下降趋势。*NP* 值变化波动很大，1988—2018 年每隔五年变化趋势均不同，但整体来看，*NP* 值略有下降，说明其他用地景观的破碎度降低。

从表 4-16 和图 4-52 可以看出，其他用地景观平均斑块分维数（*FRAC_MN*）的变化情况为在 1988—1993 年呈减少趋势，在 1993—1998 年呈增大趋势，在 1998—2008 年呈减少趋势，在 2008—2013 年呈增加趋势，在 2013—2018 年呈减小趋势。1988—2018 年 *FRAC_MN* 值基本每隔五年变化状态均不相同，但整体来看，*FRAC_MN* 值呈减少趋势，说明其他用地受人类活动影响增强。

从表 4-16 和图 4-53 可以看出，其他用地景观斑块密度（*PD*）的变化情况为在 1988—1993 年增加，在 1993—1998 年下降，在 1998—2003 年上升，在 2003—2008 年下降，在 2008—2013 年增加，在 2013—2018 年下降。整体来看，1988—2018 年 *PD* 值呈先上升后下降趋势，在 2013 年以前，*PD* 值整体上升，在 2013 年以后，*PD* 值急剧下降，说明 2013 年以前其他用地景观呈现破碎化，2013 年以后其他用地景观破碎化程度减弱。

从表 4-16 和图 4-54 可以看出，其他用地景观边界密度（*ED*）的变化情况为在 1988—1993 年略微上升，在 1993—1998 年略微下降，在 1998—2003 年急速升高，在

2003—2008年急速下降，在2008—2013年上升，在2013—2018年下降。1988—2018年其他用地景观边界密度(*ED*)变化很频繁，在2013年以前，*ED*值基本呈现增加趋势，在2013年以后，呈现下降趋势，说明2013年以前其他用地景观形状趋于复杂，而2013年以后其他用地景观形状趋于简单。

从表4-16和图4-55可以看出，其他用地景观斑块聚合度指数(*AI*)的变化情况为在1988—1993年降低，在1993—1998年增加，在1998—2003年降低，在2003—2008年增加，在2008—2018年降低。整体来看，1988—2018年*AI*值呈下降趋势，说明其他用地景观中的斑块呈分离趋势。

从表4-16和图4-56可以看出，其他用地景观散布与并列指数(*IJI*)的变化情况为在1988—1993年呈增大趋势，在1993—1998年呈减小趋势，在1998—2003年呈增大趋势，在2003—2008年呈减小趋势，在2008—2013年呈增大趋势，在2013—2018年呈减小趋势。整体来看，1988—2018年*IJI*值呈增大趋势，说明其他用地景观和其他类型景观相邻概率增加。

从以上分析来看，其他用地景观斑块类型面积减小、优势度降低、破碎度减小，其他用地景观斑块更加分离，和其他类型景观相邻概率增加，受人类活动影响逐渐增强。

综合滇池流域湿地各景观类型斑块指标的变化，可以看出以下几点。

(1)从优势度情况来看，水体一直是最有优势的景观，且水体面积呈上升趋势；建设用地优势度有上升趋势，截至2018年，建设用地景观优势度已升到第二位；草地优势度不断攀升，林地、耕地、其他用地优势度不断下降，尤其是耕地和其他用地的优势度下降非常快。

(2)从破碎度情况来看，水体景观、林地景观、草地景观破碎度均有所增加，耕地景观、建设用地景观、其他用地景观破碎度均减小，破碎化逐渐趋于缓和。虽然水体破碎度有所增加，但是从*PD*值来看，水体景观的破碎化程度在整个滇池流域湿地景观中仍是比较小的，仅次于其他用地景观，而草地景观破碎化程度最大。

(3)从聚集度角度来看，水体景观、草地景观、建设用地景观斑块聚集度增加，斑块更加聚集，林地景观、耕地景观、其他用地景观聚集度降低，斑块更加离散。从*AI*值来看，水体的聚集度一直都是最大的，说明水体在空间上高度聚集，且聚集明显，这也说明水体往往成片分布、连通性高。到2018年，其他用地聚集度最低。

(4)从*FRAC_MN*值来看，除草地以外的其他景观类型如水体景观、林地景观、耕地景观、建设用地景观、其他用地景观均下降，说明水体景观、林地景观、耕地景观、建设用地景观、其他用地景观受人类活动影响逐渐增强，草地景观虽然受人类活动影响有所减弱，但是其*FRAC_MN*值仍接近1，也是受人类活动干扰比较强。也就是说，人类活动对所有的景观类型均有很大影响，受人类干扰程度较强。

（5）从 *IJI* 值来看，水体景观、林地景观、草地景观、建设用地景观、其他用地景观和其他类型景观相邻概率均增加，唯有耕地景观和其他类型景观相邻概率减小。

4.3　滇池流域湿地景观水平指标变化特征

为了对滇池流域湿地景观的破碎度、聚集度、形状复杂度、景观蔓延度、景观多样性、景观均匀性进行分析，本书研究选择的景观类型水平指数包括斑块个数（*NP*）、斑块密度（*PD*）、聚合度指数（*AI*）、边界密度（*ED*）、最大斑块指数（*LPI*）、平均斑块分维数（*FRAC_MN*）、蔓延度指数（*CONTAG*）、景观多样性指数（*SHDI*）、景观均匀性指数（*SHEI*）等九个指标。通过 ArcGIS 和 Fragstats 的计算，得到 1988 年、1993 年、1998 年、2003 年、2008 年、2013 年和 2018 年共七个时期的水平景观格局指数，如表 4-17 和图 4-57 至图 4-65 所示。

表 4-17　滇池流域湿地景观水平指数

年份	*NP*	*PD*	*LPI*	*ED*	*FRAC_MN*	*CONTAG*	*SHDI*	*SHEI*	*AI*
1988 年	2 059	4.795 8	67.848 2	27.424 7	1.050 3	66.729 2	1.008 5	0.562 9	95.877
1993 年	2 645	6.160 7	68.018 2	33.443 7	1.052 9	64.844 7	1.038 6	0.579 6	94.978 1
1998 年	3 137	7.306 6	70.434 1	32.327 1	1.050 6	66.432 2	0.985	0.549 7	95.140 3
2003 年	3 226	7.513 9	69.993 5	34.681 2	1.049 5	64.290 2	1.05	0.586	94.793 6
2008 年	3 197	7.446 4	70.082 8	33.517 8	1.050 9	64.501 7	1.048 5	0.585 2	94.968 8
2013 年	3 024	7.043 4	69.091 9	34.491 9	1.052 8	64.010 4	1.061 7	0.592 5	94.822 2
2018 年	2 665	6.207 3	70.150 5	31.896	1.049 1	66.832 1	0.982 6	0.548 4	95.201 3

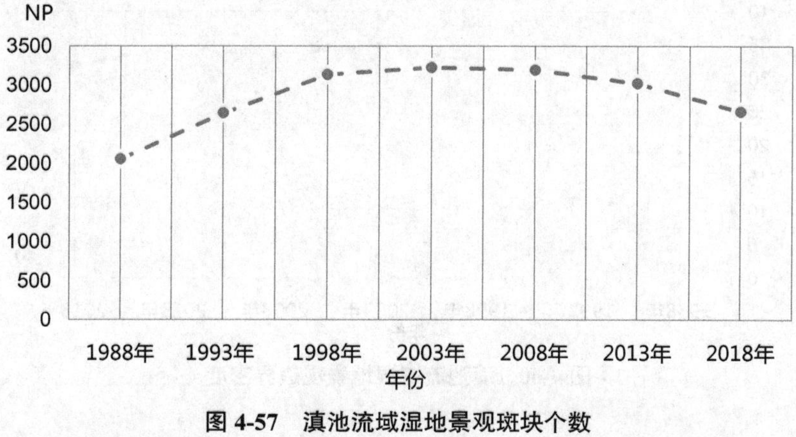

图 4-57　滇池流域湿地景观斑块个数

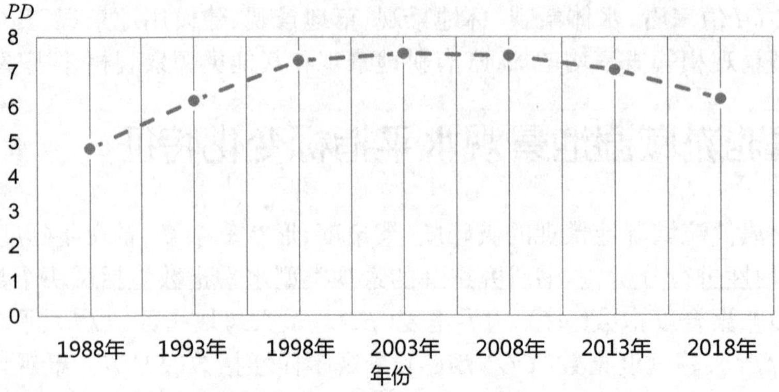

图 4-58　滇池流域湿地景观斑块密度

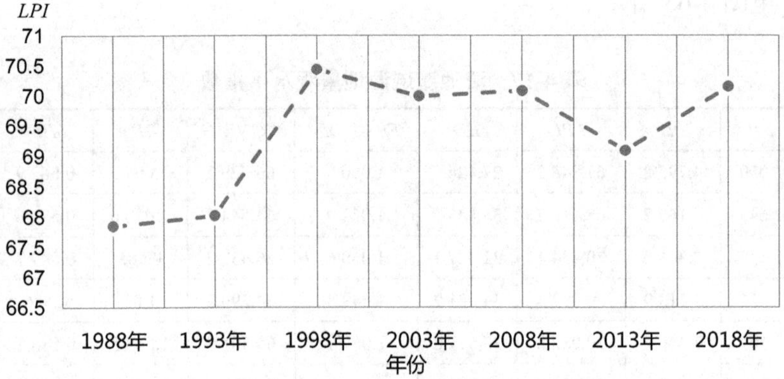

图 4-59　滇池流域湿地景观最大斑块指数

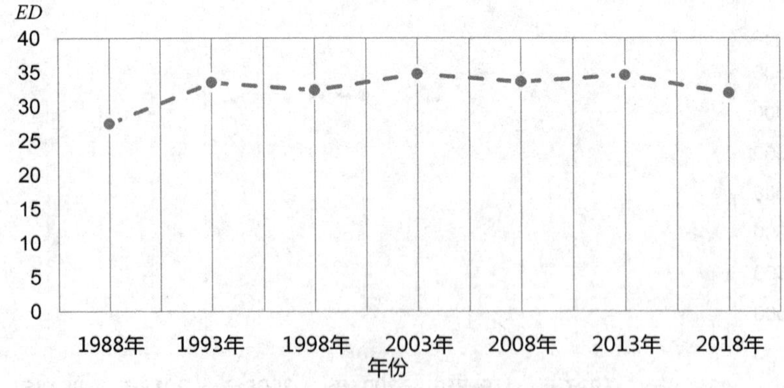

图 4-60　滇池流域湿地景观边界密度

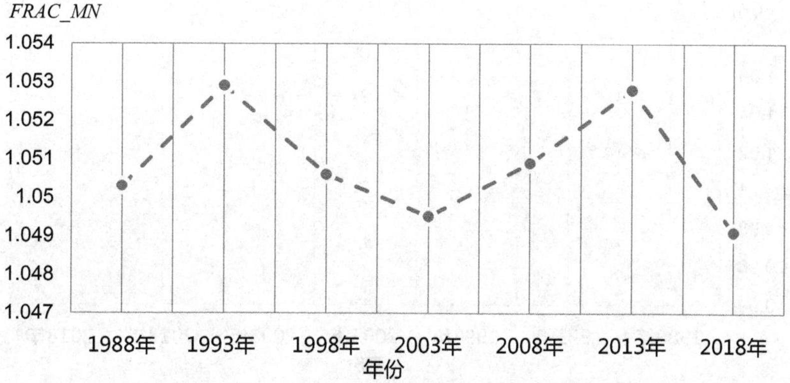

图 4-61　滇池流域湿地景观平均斑块分维数

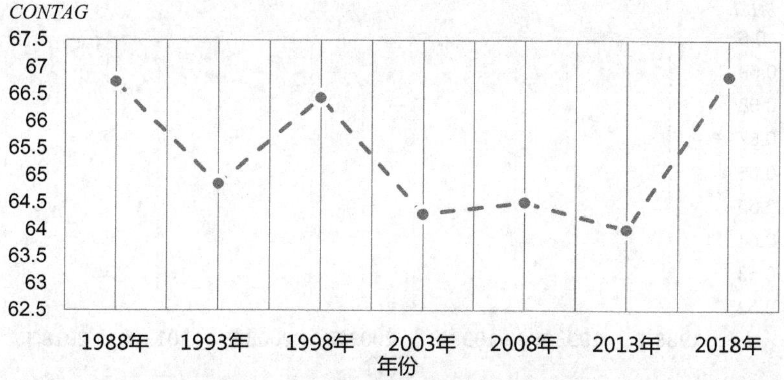

图 4-62　滇池流域湿地景观蔓延度指数

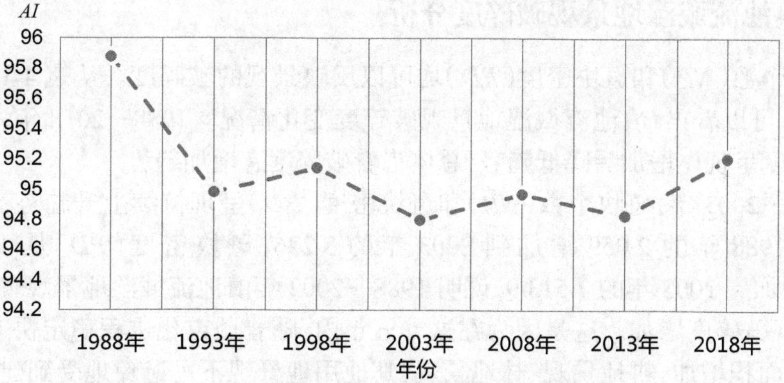

图 4-63　滇池流域湿地景观聚合度指数

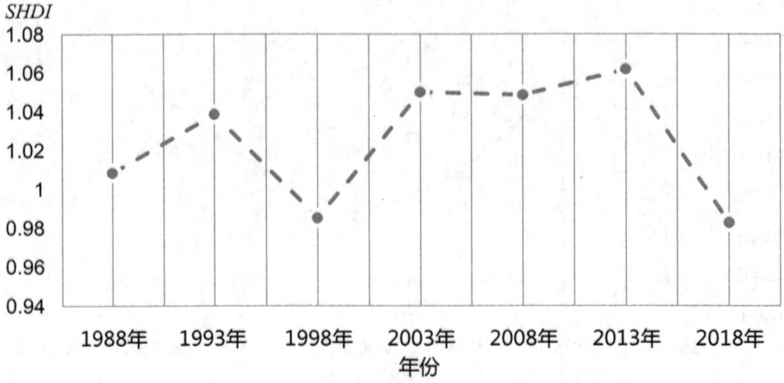

图 4-64　滇池流域湿地景观多样性指数

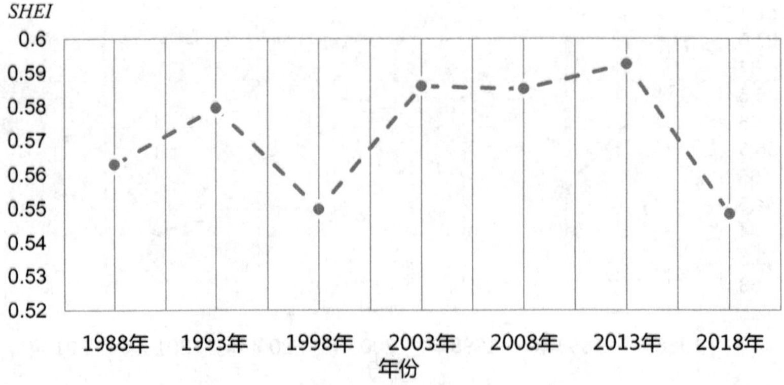

图 4-65　滇池流域湿地景观均匀性指数

4.3.1　滇池流域湿地景观破碎度分析

斑块个数（*NP*）和斑块密度（*PD*）均可以反映景观的破碎度。从表 4-17、图 4-57 和图 4-58 可以看出，滇池流域湿地景观破碎度变化情况。1988—2018 年，滇池流域湿地破碎度呈现先增加后降低趋势，总体来看破碎度有增加趋势。

1988—2003 年，斑块个数（*NP*）和斑块密度（*PD*）呈现持续上升趋势，斑块个数（*NP*）从 1988 年的 2 059 增加到 2003 年的 3 226，斑块密度（*PD*）从 1998 年的 4.795 8 增加到 2003 年的 7.513 9，说明 1988—2003 年滇池流域湿地景观斑块越来越分散、景观破碎度增加。这是因为在这十五年内，随着城市化进程稳定快速的发展，建设用地面积增加，耕地景观、林地景观、其他用地景观不可避免地受到建设用地的分割，同时城市中进行了大量绿化工程建设，斑块较小的草地面积快速增加，并且分布比较分散，最终导致景观破碎度增加。2003—2018 年，斑块个数（*NP*）和斑块密度

（*PD*）均呈现持续下降趋势，斑块个数（*NP*）从 2003 年的 3 226 降到了 2018 年的 2 665，斑块密度（*PD*）从 2003 年的 7.513 9 降到了 2018 年的 6.207 3，说明 2003—2018 年滇池流域湿地景观斑块呈聚集趋势，景观破碎度降低。这是因为在这十五年内，水体景观、林地景观、草地景观、耕地景观、建设用地景观、其他用地景观的斑块个数（*NP*）和斑块密度（*PD*）均呈现下降趋势，其中水体面积、林地面积、草地面积变化不太大，但建设用地面积增加较大，这部分增加的景观大部分来自耕地景观和其他用地景观的转化，这种变化使得很多耕地景观、其他用地景观斑块变成建设用地景观斑块，从而使各景观类型斑块更加聚集，景观整体破碎度降低。

4.3.2　滇池流域湿地景观优势度分析

最大斑块指数（*LPI*）可以反映景观优势度。从表 4-17 和图 4-59 可以看出，1988—2018 年最大斑块指数（*LPI*）变化波动比较大，基本每隔五年就有不同变化，但总体来说呈增长趋势，说明滇池流域湿地景观优势度增加。从前面分析可知，水体景观是滇池流域湿地各景观类型中的优势景观。其景观优势度之所以变大，基本原因是国家、云南省、昆明市政府对滇池的保护意识与日俱增，早在 1988 年就颁布了《滇池保护条例》，该条例的制定使对滇池流域的生态环境保护更加规范；自 2008 年起，为恢复滇池流域湿地，昆明市启动了以滇池外海环湖湿地建设工程为核心的滇池湖滨“四退三还一护”生态建设工程，其中“四退”即退塘、退田、退房、退人，“三还”即还林、还湿、还湖，“一护”即护水。通过这么多年大力整治生态环境，滇池流域的生态环境得到了很大提升，同时流域内水体面积也有所增加，水体的优势度也进一步得到提升。

4.3.3　滇池流域湿地景观形状分析

边界密度（*ED*）和平均斑块分维数（*FRAC_MN*）均可以反映斑块形状的复杂程度，两者的不同之处在于边界密度（*ED*）反映的是景观斑块边界的形状，而平均斑块分维数（*FRAC_MN*）反映的是整个景观斑块的形状，而且 *FRAC_MN* 值还反映人类活动对景观的干扰情况。

从表 4-17 和图 4-60 可以看出滇池湿地流域地边界密度（*ED*）的变化情况。1988—2018 年边界密度（*ED*）呈上升趋势，1988 年的边界密度（*ED*）为 27.427 3，2018 年的边界密度（*ED*）为 31.896，上升幅度不算很大，说明各景观类型边界形状趋向复杂、自然，其中 2003 年和 2013 年边界密度（*ED*）都比较大，分别为 34.681 2、34.491 9，说明在 2003 年和 2013 年各景观类型边界形状复杂性达到三十年来的顶峰。

从表 4-17 和图 4-61 可以看出滇池流域湿地平均斑块分维数（*FRAC_MN*）变化

情况。滇池流域湿地平均斑块分维数(*FRAC_MN*)在1988—2018年变化比较复杂:1988—1993年呈上升趋势,说明在这段时间内景观类型整体形状趋于复杂、自然,受人类活动干扰减弱;1993—2003年呈下降趋势,说明在这段时间内景观类型整体形状趋于简单,受人类活动干扰增强;2003—2013年再次呈上升趋势,说明在这段时间内景观类型整体形状趋于复杂、自然,受人类活动影响减弱;2013—2018年又一次呈下降趋势,说明在这段时间内景观类型整体形状趋于简单,受人类活动干扰增强。整体来看,平均斑块分维数(*FRAC_MN*)的值在这三十年均接近1,说明即使景观类型形状有所变化,但其实变化均不大,景观类型整体形状还是比较简单的,受人类活动干扰比较大,这和滇池流域湿地的情况相符,即自2008年以来,昆明市大力推进滇池流域湿地建设,建成以湖滨湿地为主的滇池环湖生态带6.29万亩,这些人工自然景观的规划建设使景观类型整体形状不太复杂,同时也增加了人为干扰的因素。

4.3.4 滇池流域湿地景观蔓延度分析

蔓延度指数(*CONTAG*)可以用来反映景观类型的连通性及延展趋势。从表4-17和图4-62可以看出滇池流域湿地景观蔓延度指数(*CONTAG*)变化情况比较复杂:1988—1993年呈下降趋势,说明景观的连通性降低,景观呈现多种要素的散布格局;1993—1998年增加,说明景观的连通性增加,景观有延展趋势;1998—2003年再次降低,说明景观的连通性降低;2003—2008年又呈现增加趋势,说明景观的连通性增加;2008—2013年再一次降低,说明景观的连通性降低;2013—2018年又一次呈现增加趋势,说明景观的连通性增加。从以上分析可以看出,蔓延度指数(*CONTAG*)变化很频繁,每隔五年就有不同变化,整体来看,蔓延度指数(*CONTAG*)略有增加,从1988年的66.729 7增加到2018年的66.832 1,说明斑块之间的连通性有所增强,这也侧面反映了滇池流域湿地景观中生态廊道建设的作用。2015年,昆明而将滇池水域及保护界桩向外水平延伸100 m以内的区域划定为一级保护区,科学制定了滇池湖滨生态带(一级保护区)范围,适当扩大了核心保护区,并通过建设生态廊道的形式固定湖滨生态带,从而增加了滇池流域湿地景观之间的连通性以及延展性。

4.3.5 滇池流域湿地景观聚集度分析

斑块聚合度指数(*AI*)可以用来反映景观斑块的聚合程度。从表4-17和图4-63可以看出滇池流域湿地景观斑块聚合度指数变化比较复杂:1988—1993年减少,说明滇池流域湿地景观更加离散;1993—1998年增加,说明滇池流域湿地景观呈聚集趋势;1998—2003年呈下降趋势,说明滇池流域湿地景观离散性增加;2003—2008年略有增加,说明滇池流域湿地景观聚集增加;2008—2013年再次呈现下降趋势,说明滇池流域湿地景观离散性增加;2013—2018年又一次呈现增加趋势,说明滇池流域湿地景观聚集增加。整体来看，斑块聚合度指数（*AI*）从 1988 年的 95.877 减少到 2018 年的 95.201 3，呈下降趋势，也就是说滇池流域湿地景观离散性略有增加。

4.3.6　滇池流域湿地景观多样性分析

多样性指数（*SHDI*）和均匀性指数（*SHEI*）均可以反映景观的异质性，特别是对景观中各斑块类型非均衡分布状况较为敏感。从表 4-17、图 4-64 和图 4-65 可以看出多样性指数（*SHDI*）和均匀性指数（*SHEI*）的变化情况：1988—1993 年均增加，说明景观多样性和景观均匀度均增加；1993—1998 年均降低，说明景观多样性和景观均匀度均降低；1998—2003 年均呈增加趋势，说明景观多样性和景观均匀度增加；2003—2008 年均呈降低趋势，说明景观多样性和景观均匀度减小；2008—2013 年再次呈增加趋势，说明景观多样性和景观均匀度都增加；2013—2018 年又一次呈降低趋势，说明景观多样性和景观均匀度降低。从以上分析可以看出，多样性指数（*SHDI*）和均匀性指数（*SHEI*）每隔五年变化趋势均不相同，但整体来看，2018 年多样性指数（*SHDI*）和均匀性指数（*SHEI*）比别的年份略有下降，景观多样性和景观均匀度降低。景观的均匀度指数和景观的优势度指数呈负相关关系，景观均匀度越小，则优势度越大，从前面关于最大斑块指数（*LPI*）的分析可以看出，1988—2018 年滇池流域湿地景观的优势度呈增加趋势，故而景观多样性和均匀度呈减少趋势。这是因为随着滇池流域湿地建设按照“人工干预最小化，自然恢复最大化”的原则，截至 2021 年，昆明市已完成退塘、退田 4.8 万亩，退房 233 万平方米，退人 3.2 万人，共建成以湖滨湿地为主的滇池环湖生态带 6.29 万亩，湖滨湿地建设是滇池历史上首次实现湖进人退，故水体景观面积有所增加，水体景观本就是滇池流域湿地的优势景观，随着水体优势度增加，多样性和均匀度自然有所降低。不过滇池流域湿地发展过程中也要注意其他景观类型的发展，如更加规范地进行草地和林地的种植，从而使景观格局多样性增加，有利于提高景观生态系统的稳定性。

4.4　本章小结

本章从景观类型时空变化特征、类型水平指标变化特征、景观水平指标变化特征三个方面对滇池流域湿地景观格局变化进行了定量分析。

从景观类型时空变化特征来看，1988—2018 年水体面积始终占比最大，水体面积在 30 年间呈略微增加趋势，建设用地面积和草地面积也呈增加趋势，而且从动态度来看，草地面积的变化率是最大的，林地、耕地、其他用地面积整体呈现下降趋势，不同景观类型面积的不同变化是导致景观格局变化的根本原因。从不同景观类型转移矩阵来看，1988—2018 年水体景观转入面积大于转出面积，水体面积净增加

882.09 hm^2,从转入情况来看,转化为水体面积最多的是林地,而从转出情况来看,水体转化为建设用地面积最多;林地景观转入面积小于转出面积,林地面积净减少4 149.57 hm^2,林地和建设用地面积之间的互相转换是最多的;草地景观转入面积大于转出面积,草地面积净增加2 437.29 hm^2,从转入情况来看,林地面积转化为草地面积最多,从转出情况来看,草地面积转化为建设用地面积最多;耕地景观转入面积小于转出面积,耕地面积净减少1 141.02 hm^2,从转出情况来看,耕地面积转化为建设用地面积最多,而从转入情况来看,林地面积转化为耕地面积最多;建设用地景观转入面积大于转出面积,建设用地面积增加2 955.33 hm^2,其中林地转化为建设用地面积最多;其他用地景观转入面积小于转出面积,其他用地面积净减少942.12 hm^2,其他用地面积转化为建设用地面积最多。

从类型水平指标体系来看,1988—2018年各景观类型水平指标变化波动均比较大。水体景观一直都是基础景观,占据最大优势,其聚集度高、景观完整性好、景观形状较简单,但破碎度有所增加,与其他景观类型相邻概率减小;林地景观优势度有所降低,景观逐渐呈分散趋势,破碎化加剧,和其他景观类型相邻概率增大;草地景观优势度呈增加趋势,聚集度增加,破碎度增大,和其他景观类型相邻概率减小;耕地景观优势度呈下降趋势,破碎度减小,和其他类型景观相邻概率降低;建设用地景观优势度增大,聚集度增加,破碎度减小,和其他类型景观相邻概率增加;其他用地景观优势度逐渐降低,破碎度减小,和其他类型景观相邻概率增加。以上所有景观类型均受人类活动影响较大。

从景观水平指标体系来看,1988—2018年滇池流域湿地景观优势度增加,呈聚集趋势,破碎度降低,景观整体形状变化不太大,形状比较简单,斑块之间的连通性有所增强,不过景观的多样性呈下降趋势,所以在滇池流域湿地的发展过程中,除对水体的保护外,还要注意其他景观类型的发展,如在滇池流域绿道建设的过程中增加林地面积和草地面积的种植。

第5章　滇池流域湿地景观格局变化驱动力分析

景观格局变化是由于景观格局内外部各种驱动因素对景观要素的综合作用,进而改变景观的稳定性和内部空间结构,进而形成不同的区域景观格局特征。定性和定量地进行景观格局变化驱动力研究,不仅可以揭示人类社会经济活动对景观格局造成的影响,更可以为进一步开展景观格局研究提供参考。自然因素和人为因素通常是影响景观格局变化的主要原因,根据滇池流域湿地调研以及前面数据的分析结果,从自然因素和人为因素两个方面对滇池流域湿地公园景观格局变化驱动力进行分析。

5.1　自然因素驱动力

气候、坡度、海拔、地貌等均是影响景观格局变化的自然因素。由于本书研究选取的研究区为环滇池缓冲 1 km,地貌基本不会发生太大变化,所以在选择滇池流域湿地景观格局变化驱动力因素时,不再选择地貌因素驱动力,而是分别从气候因素驱动力、地势因素驱动力两个方面对自然因素驱动力进行分析。

5.1.1　气候因素驱动力

气候因素主要体现在气温、降水、湿度上。从理论上讲,气候变化会在一定程度上改变区域水系统和水环境,进而造成景观格局的变化。气温的升高直接影响蒸发和湿度,而降水量对水体面积变化影响较大。滇池流域地处低纬度高原,气候复杂多样,在低纬度、高海拔的综合影响下,受季风气候制约,形成了四季温差小、干雨季分明、垂直差异显著的低纬高原季风气候的特点。滇池流域属于典型的干旱、半干旱地区,生态系统具有一定的脆弱和不稳定性。

本书研究所采用的气象数据下载于中国气象数据网,并整理了昆明站点 1988—2018 年的气象数据资料,包括平均气温和降雨,具体情况如表 5-1、图 5-1 和图 5-2 所示。

表 5-1 滇池流域 1988—2018 年气象数据统计

年份	平均气温/℃	降水量/mm	降水天数/d
1988 年	15.51	707.9	103
1989 年	15.12	939.29	104
1990 年	14.97	1 015.75	118
1991 年	15.37	1 180.85	143
1992 年	14.76	839.98	128
1993 年	15.31	860.04	112
1994 年	16.03	1 367.03	137
1995 年	16.07	1 050.04	127
1996 年	16.21	895.86	117
1997 年	16.1	1 398.52	132
1998 年	17.05	1 260.35	127
1999 年	16.53	257.56	34
2000 年	15.42	932.69	175
2001 年	15.74	1 194.31	155
2002 年	15.81	1 023.11	136
2003 年	16.08	817.12	118
2004 年	14.83	1 186.43	137
2005 年	15.58	1 010.92	121
2006 年	15.67	1 035.3	108
2007 年	16.32	963.93	139
2008 年	15.97	1 027.68	130
2009 年	16.86	638.56	102
2010 年	17.01	1 005.84	110
2011 年	16.05	763.52	111
2012 年	16.42	896.11	100
2013 年	15.24	898.14	122
2014 年	15.62	1 219.2	115
2015 年	15.51	1 264.67	129
2016 年	15.1	1 222.5	150
2017 年	15.09	1 344.17	149
2018 年	15.1	1 162.05	136

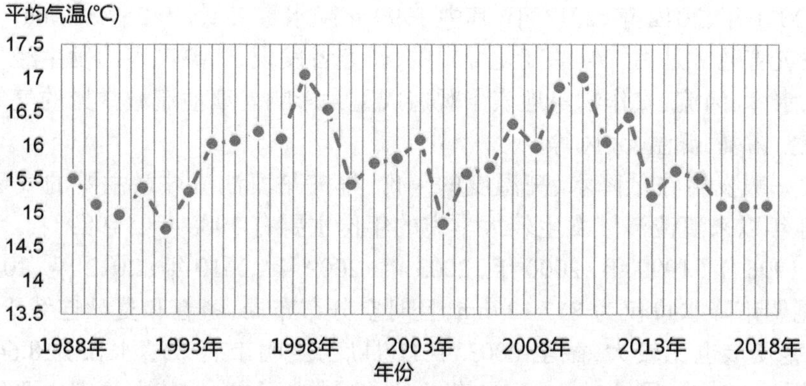

图 5-1　滇池流域 1988—2018 年平均气温分布图

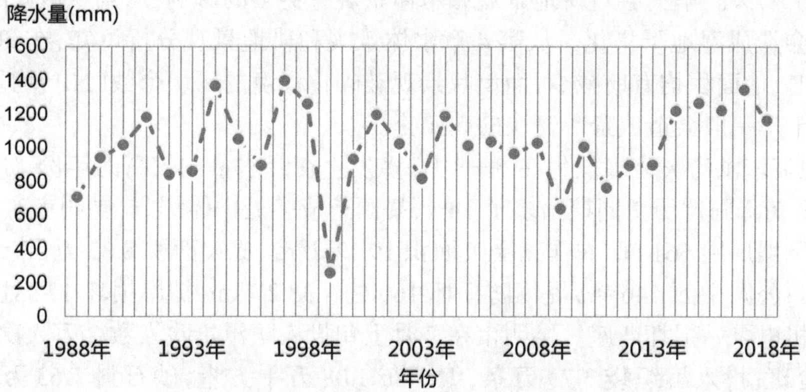

图 5-2　滇池流域 1988—2018 年降水量分布图

从表 5-1、图 5-1 和图 5-2 可以看出，1988—2018 年滇池流域气候变化波动很大，年均气温、年均降水量、年降水天数变化趋势均不太稳定。从平均温度来看，1988—2018 年滇池流域年平均气温在 14.76~17.05 ℃波动，气温总体趋于上升，平均气温比较高的年份（超过 16 ℃）包括 1994 年、1995 年、1996 年、1997 年、1998 年、1999 年、2003 年、2007 年、2009 年、2010 年、2011 年、2012 年，尤其是 1998 年平均温度达到了 17.05 ℃，2010 年平均温度达到了 17.01 ℃；温度比较低的年份包括（低于 15 ℃）1990 年、1992 年、2004 年，1990 年平均温度为 14.97 ℃，1992 年平均温度为 14.76 ℃，2004 年平均温度为 14.83 ℃。从年降水量来看，1988—2018 年年降水量在 257.56~1 398.52 mm，年降水量在 1 200 mm 以上的年份包括 1994 年、1997 年、1998 年、2014 年、2015 年、2016 年、2017 年，其中 1997 年降水量最高为 1 398.52 mm，降水量在 900 mm 以下的年份包括 1988 年、1992 年、1993 年、1996 年、1999 年、2003 年、

2009 年、2011 年、2012 年、2013 年，其中 1999 年降水量最低，为 257.56 mm。

气象灾害通常是由气候的变化导致的，研究者发现，气象灾害的发生经常会对林木、耕地、水库、河流、农作物等地表景观造成重大影响。滇池流域常见的气象灾害有干旱、洪涝、雷暴、低温、大风等。

旱灾一般发生在低降水、高温度的年份，旱灾是滇池流域最主要的气象灾害之一。1988 年以来滇池流域发生较大旱灾的年份主要有 1988 年、1989 年、1992 年、1993 年、1996 年、1999 年、2000 年、2003 年、2009 年、2010 年、2012 年、2013 年，如 2003 年昆明市降水量仅为 817.12 mm，且时空分布布局，冬春和夏秋连续干旱，气温比较高，蒸发量也比较大，截至 2003 年 11 月底，昆明市有效蓄水仅为 8.64 亿立方米，占计划的 77.5%，同比减少了 2.1 亿立方米，减少了 24%，其中城市主要供水水库蓄水同比减少 6 000 万立方米，仅松华坝每日供水量就比正常年份减少了一半，只有 28 万立方米/天。旱灾会对耕地景观和水体景观有更多的影响，从景观格局的角度来看，旱灾会造成湿地干旱化。从第 4 章水体景观和耕地景观分析可知，在 2003 年水体面积和耕地面积均有所减少，而反映景观破碎化程度的斑块个数（NP）均呈增大趋势，说明干旱一般会造成景观斑块的破碎化。

滇池流域洪涝灾害多发生在 6—8 月，多发生在降水量比较高的年份，如 1997 年 6—7 月上旬降雨比历史同期增多了 14%，暴雨造成多处山体塌方，昆明市有 14.69 万人受灾，倒塌房屋 561 间，农作物受灾面积 19.17 万亩、成灾面积 8.82 万亩、绝收面积 3.41 万亩；公路中断 146 条，堤坝防损坏 160 处、33.27 km，护岸损坏 124 处，水闸损坏 5 座，机电泵站损坏 4 座。昆明市在 7 月上旬投入防汛抢险人数 2 万人次，机械设备 867 台班；投入编织袋 3.73 万条，编织布 1.08 万平方米，砂石料 1.63 万立方米。在各项防汛减灾举措下，减淹耕地 2.77 万亩，减灾经济效益 4 155 万元。

滇池流域低温冷冻灾害多发生在 1—3 月，如 2014 年 1 月、2018 年 2 月均发生过低温霜冻灾害。从景观格局分析的角度来看，低温冷冻灾害往往造成林地、耕地面积的降低。

综上所述，气候因素对不同景观类型均会有影响，旱灾和低温霜冻灾害一般对林地、耕地面积有较大影响，洪涝灾害除对林地、耕地有较大影响外，对建设用地的影响也不容小觑。

5.1.2 地势因素驱动力

地势因素对景观格局变化的影响通常体现在海拔和坡度两个方面，本书研究根据滇池流域湿地景观类型分布特征，分别对滇池流域湿地的高程和坡度进行分析。

1. 高程因素驱动力

本书研究用到数字高程数据（*DEM* 数据），该数字高程数据从地理空间数据云平台下载，属于 GDEMV2 30 m 分辨率数字高程数据。根据滇池流域湿地高程分布的实际情况，使用 ArcGIS 软件采用自然断点法将滇池流域湿地高程划分为 5 个等级，分别为 1 760~1 877 m、1 877~1 927 m、1 927~2 023 m、2 023~2 204 m、2 204~2 477 m，最终得到滇池流域湿地的高程分级图如图 5-3 所示。

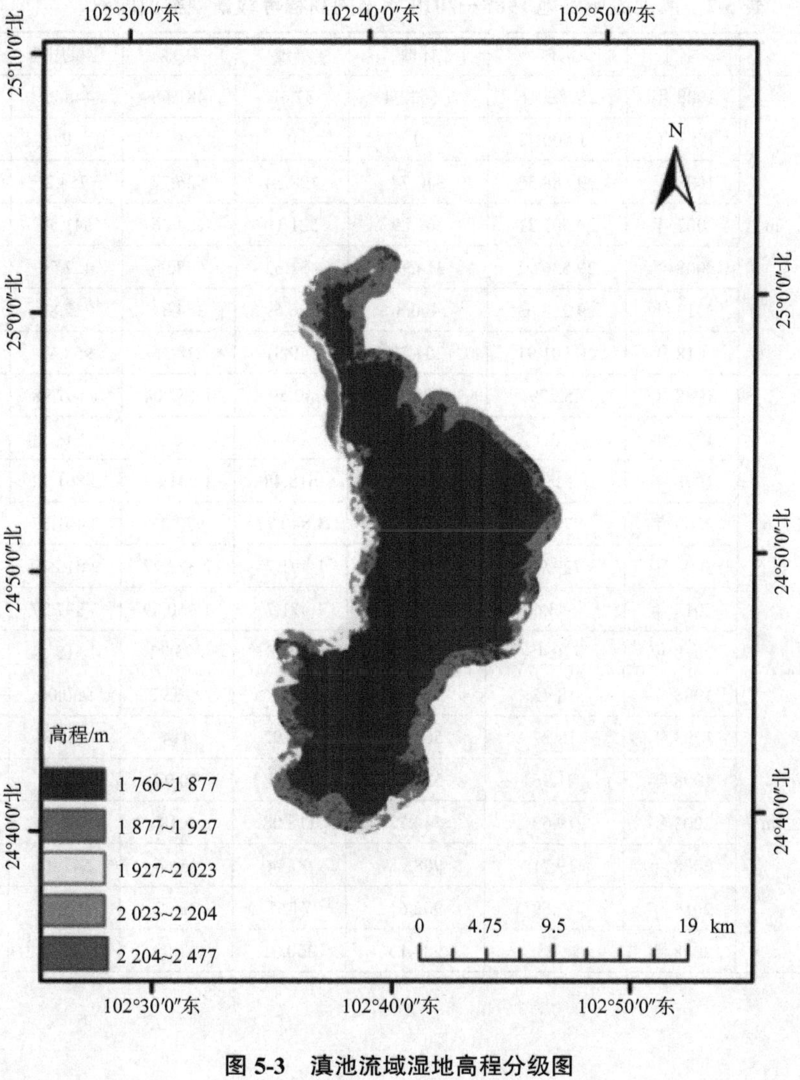

图 5-3　滇池流域湿地高程分级图

为获得高程分级图中的景观类型面积，本书研究使用 ArcGIS 软件分别提取高程分级图中的 1 级高程图（1 760~1 877 m）、2 级高程图（1 877~1 927 m）、3 级高程图

(1 927~ 2 023 m)、4 级高程图(2 023~2 204 m)、5 级高程图(2 204~2 477 m),再通过掩膜操作获得对应级别的景观类型数据,最后把以上的栅格数据转化为矢量数据后计算得到 1988—2018 年研究区高程等级景观类型面积,如表 5-2、图 5-4 至图 5-8 所示。

表 5-2　滇池流域湿地 1988—2018 年不同高程等级景观类型面积　(单位:hm^2)

高程	时间	水体	林地	草地	耕地	建设用地	其他用地
1 760~1 877 m	1988 年	28 892.16	1 553.94	37.62	481.68	446.22	22.14
	1993 年	31 500.72	0	0	0	0	0
	1998 年	29 588.58	340.74	198.54	526.77	754.2	24.93
	2003 年	29 507.31	361.89	521.19	284.76	641.52	117.09
	2008 年	29 536.92	314.91	432.63	678.96	457.56	12.78
	2013 年	29 268.63	406.8	606.69	374.31	737.82	39.51
	2018 年	29 501.91	204.75	549.81	218.25	953.46	5.58
1 877~1 927 m	1988 年	452.79	4 936.5	40.59	1 157.04	1 567.98	426.15
	1993 年	0	8 593.15	0	0	0	0
	1998 年	1 125.45	859.14	618.48	1 841.67	3 861.72	274.59
	2003 年	779.76	817.29	1 840.77	972.27	3 401.37	769.59
	2008 年	729.99	984.24	1 491.75	2 322.72	2 813.49	238.86
	2013 年	543.6	950.49	1 471.77	1 350.09	3 897.27	367.83
	2018 年	720.45	715.95	1 691.01	873.72	4 515.84	64.08
1 927~2 023 m	1988 年	18.45	143.19	0	290.97	930.06	631.35
	1993 年	18.27	562.05	313.92	414	253.8	451.98
	1998 年	21.96	536.67	36.36	50.94	923.13	444.96
	2003 年	19.62	544.77	118.08	9.18	572.76	749.61
	2008 年	19.71	908.28	90.54	15.66	542.07	437.76
	2013 年	12.69	902.61	74.61	22.32	509.04	492.75
	2018 年	24.3	984.15	260.01	13.05	643.77	88.74

续表

高程	时间	水体	林地	草地	耕地	建设用地	其他用地
2 023~2 204 m	1988 年	1.17	180.09	0	128.34	152.73	18
	1993 年	17.82	261.18	141.48	26.37	27.63	5.85
	1998 年	1.71	328.5	34.92	1.8	83.16	30.24
	2003 年	0.63	348.3	24.66	0	22.68	84.06
	2008 年	0.54	419.22	6.75	0	31.32	22.5
	2013 年	1.08	410.49	4.86	2.16	23.04	38.7
	2018 年	0.18	438.39	10.8	0.36	23.94	6.66
2 204~2 477 m	1988 年	1.35	53.19	0	185.31	110.43	8.55
	1993 年	1.71	223.11	73.89	4.5	11.25	44.37
	1998 年	0.99	262.62	2.52	0.36	34.29	58.05
	2003 年	0.72	240.3	3.06	0	9.63	105.12
	2008 年	1.26	281.61	1.08	0	53.1	21.78
	2013 年	0.27	311.4	1.17	0	16.29	29.7
	2018 年	0.18	346.41	0	0	5.22	7.02

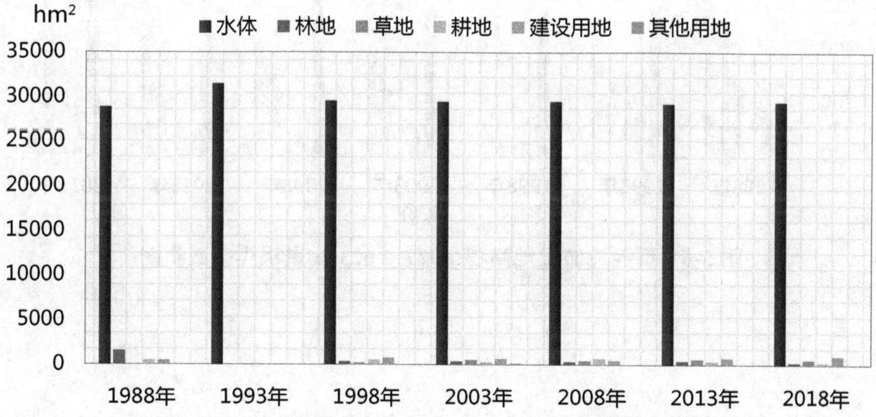

图 5-4　滇池流域湿地高程 1 760~1 877 m 景观类型面积图

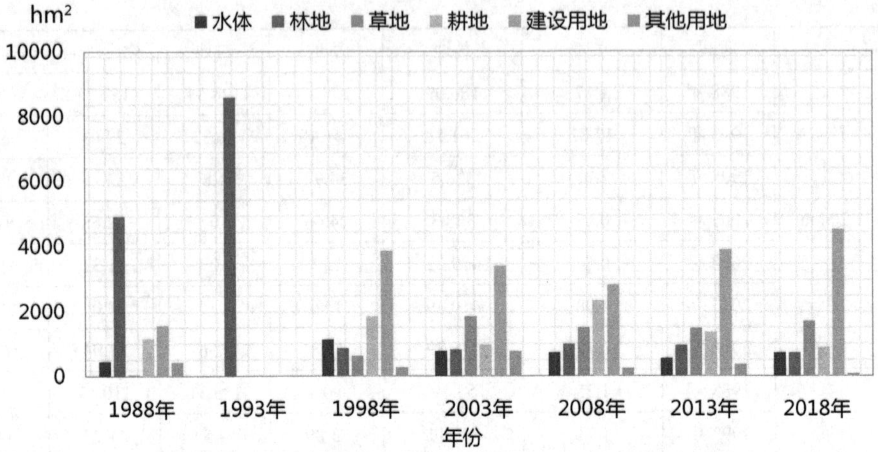

图 5-5　滇池流域湿地高程 1 877~1 927 m 景观类型面积图

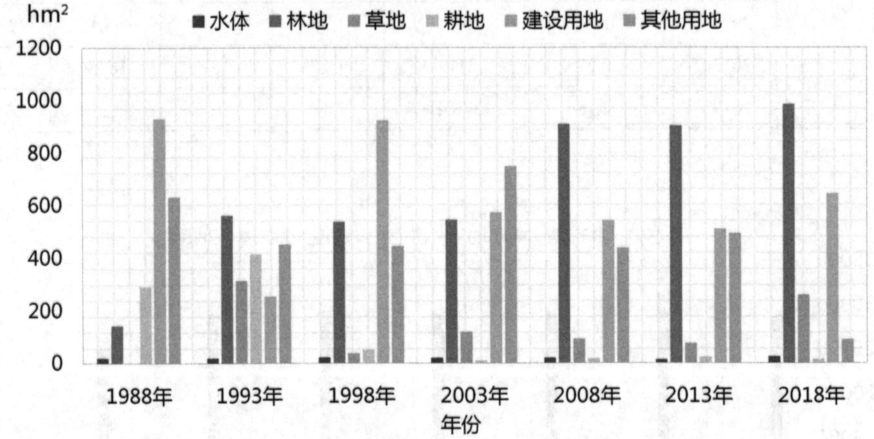

图 5-6　滇池流域湿地高程 1 927~2 023 m 景观类型面积图

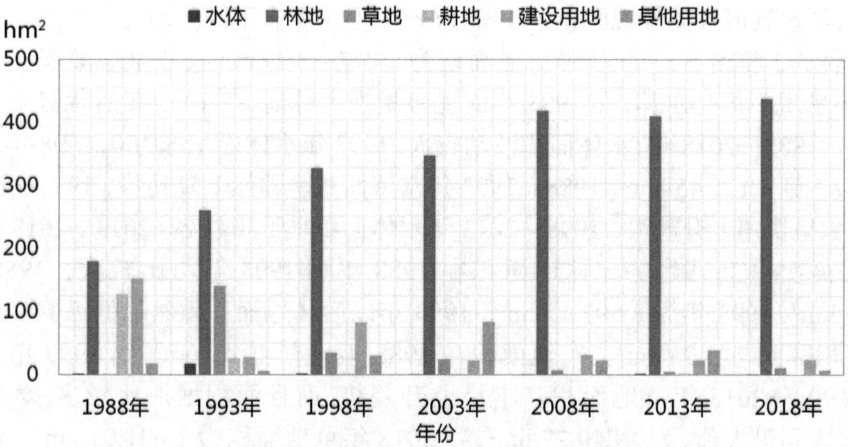

图 5-7　滇池流域湿地高程 2 023~2 204 m 景观类型面积图

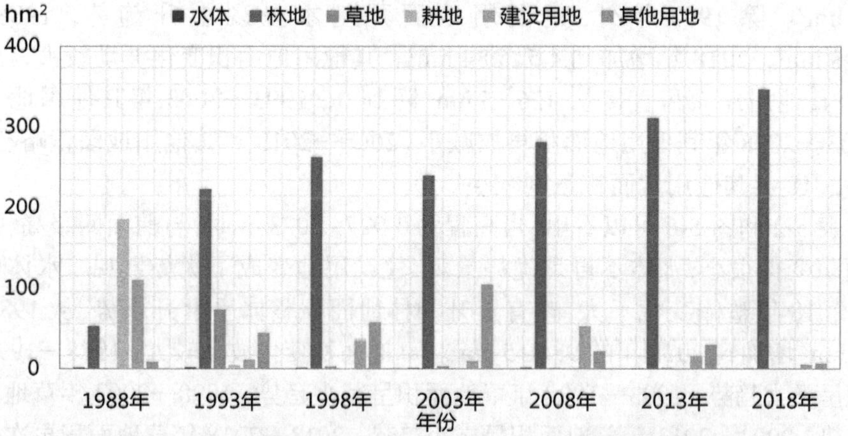

图 5-8　滇池流域湿地高程 2 204~2 477 m 景观类型面积图

从表 5-2 和图 5-4 可以看出，当高程为 1 760~1 877 m 时，水体面积最大，而且不同年份水体景观面积区别不大，水体景观为优势景观。在这个高程范围内，其他各类景观面积都不大，而且除水体外，不同年份景观类型面积差异也很大，其中最特殊的就是 1993 年，除水体景观外，其他景观类型的面积骤降为 0。1988—2018 年，林地景观面积基本呈下降趋势，1988 年时面积最大，达到 1 533.94 hm^2；草地景观面积虽略有波动，但基本呈增加趋势，2013 年达到最大值，为 606.69 hm^2；耕地景观面积波动较大，最大值出现在 2008 年，为 678.96 hm^2；建设用地面积基本呈增加趋势，2018 年达到最大值，为 953.46 hm^2；其他用地面积都不大，最大出现在 2003 年，为 117.09 hm^2。总之，当高程为 1 760~1 877 m 时，水体景观是面积最大的景观类型，水体景观面积变化不大,虽然其他各类景观面积占比都比较小,但是均有不同波动。

从表5-2和图5-5可以看出,当高程为1 877~1 927 m时,各景观面积变化都很大,优势景观不再是水体,在1993年前优势景观为林地,在1993年后优势景观为建设用地。1988—2018年,水体面积波动较大,1993年水体面积降为0,1998年又升到最高值,达到1 125.45 hm^2, 1988—1993年水体面积呈骤然下降趋势, 1993—1998年水体面积呈快速上升趋势, 1998—2013年水体面积呈下降趋势, 2013—2018年水体面积又再次呈上升趋势。林地面积在1988年和1993年均比较大, 1988年为4 936.5 hm^2, 1993年为8 593.15 hm^2, 1993年以后林地面积骤然降低,到2018年时林地面积降到715.95 hm^2。草地面积在1988年只有40.59 hm^2,到1993年直接降为0, 1998—2018年草地面积基本呈上升趋势,而且面积增加比较多,草地面积2003年达到最大值,为1 840.77 hm^2,到2018年草地面积为1 691.01 hm^2。耕地面积变化波动也特别大,从1988年的1 157.04 hm^2到1993年的0,再到1998年的1 841.67 hm^2, 2008年达到最大值,为2 322.72 hm^2,最后到2018年又降为873.72 hm^2。除1993年外,建设用地面积基本呈现上升趋势, 1988年为1 567.98 hm^2, 2018年增加到4 515.84 hm^2。其他用地面积变化波动较大, 1988—1993年其他用地面积直接从426.15 hm^2降到0, 1993—2003年其他用地面积增加,2003—2008年其他用地面积再次减小,2008—2013年其他用地面积略有增加,2013—2018年其他用地面积急剧减小。

从表5-2和图5-6可以看出,当高程为1 927~2 023 m时,与前面两级高程相比,水体面积变得很小,水体不再是优势景观,建设用地变成了优势景观。水体面积在1988—2018年整体变化不大,略有上升。林地面积整体呈上升趋势,从1988年的143.19 hm^2增加到2018年的984.15 hm^2。草地面积变化波动较大, 1988—1993年草地面积呈增大趋势, 1993—1998年草地面积呈减小趋势, 1998—2003年草地面积呈增加趋势, 2003—2013年草地面积呈减小趋势, 2013—2018年草地面积再次呈增大趋势。耕地面积整体呈现减小趋势,从1988年的290.97 hm^2减少到2018年的13.05 hm^2。建设用地面积变化有一定波动, 1988—1993年建设用地面积呈减小趋势, 1993—1998年建设用地面积呈增大趋势, 1998—2013年建设用地面积呈减小趋势, 2013—2018年建设用地面积呈增大趋势。其他用地面积整体呈下降趋势,在不同年份变化有波动, 1988—1998年其他用地面积呈减小趋势, 1998—2003年其他用地面积呈增加趋势, 2003—2008年其他用地面积呈减小趋势, 2008—2013年其他用地面积呈增加趋势,2013—2018年其他用地面积急剧减小。

从表5-2和图5-7可以看出,当高程为2 023~2 204 m时,水体面积进一步减小,这个高程范围内林地面积为优势景观,除林地面积外,其他景观面积都不是太大。水体面积在1993年达到最大值,也仅为17.82 hm^2,水体面积在2018年达到最小值,仅为 0.18 hm²。林地面积整体呈增加趋势，中间略有波动，1988—2008 年林地面积呈增加趋势，2008—2013 年林地面积略有下降，2013—2018 年林地面积再次呈上升趋势，2018 年的林地面积最大，为 438.39 hm²。草地面积变化分为两个阶段，第一个阶段是 1988—1993 年，草地面积增加量不少，从 1988 年的 0 增加到 1993 年的 141.48 hm²；第二个阶段是 1993—2018 年，草地面积呈下降趋势，而且下降的数量不少，从 1993 年的 141.48 hm² 下降到 2018 年的 10.8 hm²。耕地面积整体呈下降趋势，除 1988 年耕地面积为 128.34 hm²，数量还算不少外，其他年份耕地面积数量较小，如 2003 年、2008 年耕地面积均为 0，2018 年耕地面积也只有 0.36 hm²。建设用地面积基本呈下降趋势，而且下降很快，1988 年建设用地面积还有 152.73 hm²，到 2018 年建设用地面积降为 23.94 hm²。其他用地面积占比不多，基本呈先上升后下降趋势，1988—2003 年，呈上升趋势，到 2003 年时，其他用地面积达到最大值，为 84.06 公顷；2003—2018 年，其他用地面积基本呈现下降趋势。

从表 5-2 和图 5-8 可以看出，当高程为 2 204~2 477 m 时，水体面积基本小到可以忽略，林地景观为优势景观。1988—2018 年，林地面积呈上升趋势，从 1988 年的 53.19 hm² 增加到 2018 年的 346.41 hm²。草地面积基本呈下降趋势，在 1988 年和 2018 年时比较特殊，草地面积均为 0，1993—2013 年草地面积基本逐年下降。耕地面积呈下降趋势，1988 年耕地面积还有 185.31 hm²，到 2003 年、2008 年、2013 年、2018 年耕地面积都降为 0。建设用地面积虽有波动，但基本呈下降趋势，1998 年建设用地面积为 110.43 hm²，2018 年建设用地面积降为 5.22 hm²。其他用地面积变化波动较大，1988—2003 年其他用地面积呈增加趋势，2003 年达到最大值，为 105.12 hm²；2003—2008 年其他用地面积呈下降趋势；2008—2013 年其他用地面积呈增加趋势；2013—2018 年其他用地面积呈骤然下降趋势。

综合以上分析可知，滇池流域湿地各景观类型在不同高程地区发展均不一样，当高程为 1 760~1 877 m 时，水体面积占据绝对优势，其次是建设用地面积，其他景观类型面积都不是太多；当高程为 1 877~1 927 m 时，水体面积减少很多，从这个高程开始，随着海拔的升高，水体面积越来越少，基本都可以忽略不计，在这个高程范围内，占据景观优势的是林地和建设用地。当高程为 1 927~2 023 m 时，建设用地为优势景观，建设用地面积增加较快，林地面积也比较多，其他类型景观面积较小，尤其是水体面积，小到可以忽略不计。当高程为 2 023~ 2 204 m 和 2 204~2 477 m 时，林地景观为优势景观，在这两个高程范围内，林地面积均呈增加趋势，其他景观类型面积均较小，水体面积仍然小到可以忽略不计。除林地外，高程对其他景观类型分布均有限制，高程 2 023 m 以下的地区是各景观类型变化进行的主要区域。

2. 坡度因素驱动力

根据滇池流域数字高程数据（*DEM* 数据），利用 ArcGIS 软件的坡度分析工具对滇池流域湿地的坡度进行计算，参考地貌坡度划分标准，将坡度分为 6 个等级，分别是 0°~5°（平坡）、5°~15°（缓坡）、15°~25°（斜坡）、25~35°（陡坡）、35°~45°（急坡）、45°~73°（险坡），最终得到滇池流域湿地坡度分级图，如图 5-9 所示。将 1988—2018 年滇池流域湿地景观类型与坡度分级图进行叠加分析，得到滇池流域湿地景观类型坡度面积分布情况以及各景观类型在不同坡度下的面积变化情况，如表 5-3、图 5-10 至图 5-21 所示。

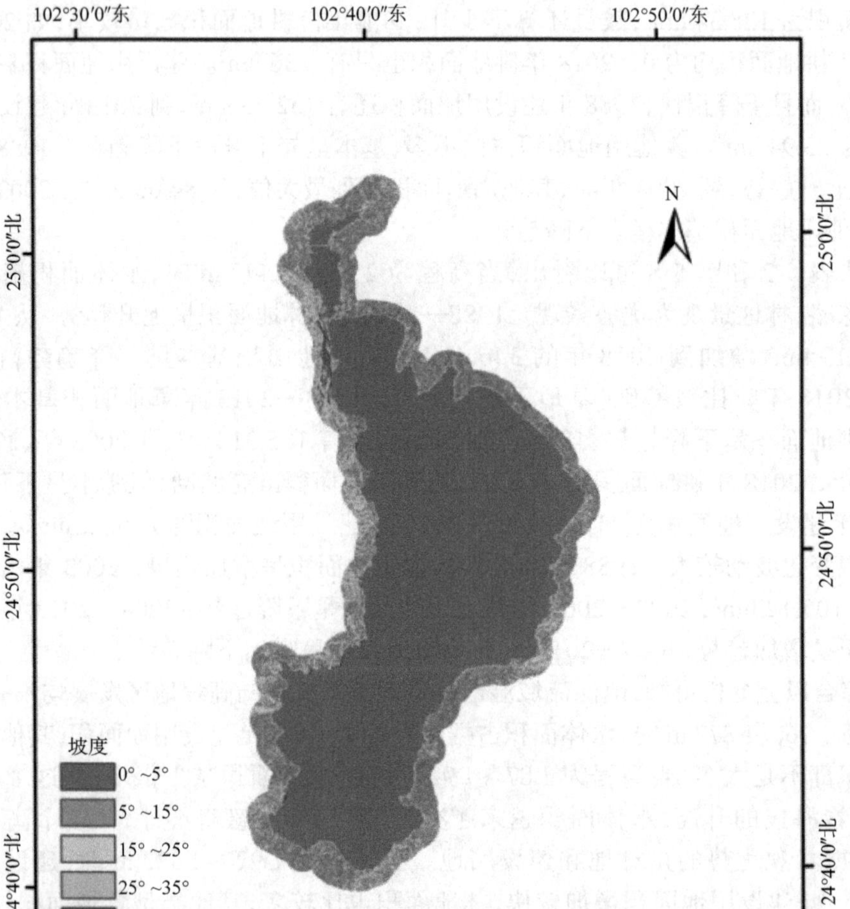

图 5-9 滇池流域湿地坡度分级图

表 5-3 滇池流域湿地景观类型坡度分布表

坡度	时间	草地	耕地	建设用地	林地	其他用地	水体
0° ~5°	1988 年	32.24	559.37	694.22	2 438.29	202.52	28 690.05
	1993 年	315.28	2 025.28	614.78	803.76	143.93	28 713.66
	1998 年	311.17	848.66	1 556.17	444.64	147.87	29 308.18
	2003 年	812.24	506.69	1 307.04	456.94	376.66	29 157.11
	2008 年	629.52	1 168.35	997.95	522.26	128.02	29 170.58
	2013 年	737.65	706.61	1 546.82	527.59	159.99	28 938.03
	2018 年	731.53	460.81	1 862.23	386.12	33.91	29 142.09
5° ~15°	1988 年	36.54	1 087.04	1 472.77	3 622.87	610.21	403.47
	1993 年	279.73	3 257.40	1 239.52	1 388.94	444.84	622.48
	1998 年	453.89	1 358.40	3 079.50	956.58	425.95	958.58
	2003 年	1 374.81	704.27	2 603.89	950.82	882.01	717.10
	2008 年	1 118.01	1 683.90	2 164.98	1 192.86	391.75	681.39
	2013 年	1 142.35	954.91	2 957.22	1 185.69	486.01	506.72
	2018 年	1 360.455	599.03	3 465.89	1 040.66	88.10	678.76
15° ~25°	1988 年	6.24	391.34	655.82	615.03	235.35	164.38
	1993 年	217.74	562.57	268.98	605.20	173.82	239.84
	1998 年	88.74	184.36	754.64	547.47	173.94	319.00
	2003 年	253.72	53.31	591.23	546.82	343.47	279.59
	2008 年	216.11	149.23	545.06	719.40	158.27	280.07
	2013 年	220.14	78.70	567.35	745.34	220.19	236.42
	2018 年	318.57	44.51	683.69	721.51	27.93	271.93
25° ~35°	1988 年	2.76	138.54	219.33	173.40	46.62	89.33
	1993 年	110.39	120.15	51.92	239.91	31.94	115.66
	1998 年	29.71	31.60	172.23	253.64	48.83	133.97
	2003 年	55.35	6.36	112.08	250.13	115.27	130.79
	2008 年	49.05	24.16	121.67	313.48	31.34	130.27
	2013 年	48.02	15.03	97.01	340.86	49.12	119.94
	2018 年	81.35	6.87	117.10	331.94	5.59	127.14

续表

坡度	时间	草地	耕地	建设用地	林地	其他用地	水体
35° ~45°	1988 年	0.44	41.89	108.32	40.72	12.46	24.31
	1993 年	65.34	42.92	18.89	61.99	10.76	28.24
	1998 年	7.97	6.65	70.05	85.74	26.49	31.23
	2003 年	14.52	0.98	34.22	76.63	70.28	31.50
	2008 年	12.49	4.51	50.07	111.56	17.20	32.31
	2013 年	10.59	2.95	25.61	126.68	31.01	31.29
	2018 年	18.31	0.94	30.54	139.17	6.40	32.76
45° ~73°	1988 年	0	35.06	67.67	4.14	7.31	3.58
	1993 年	48.59	20.52	13.80	21.32	9.20	4.33
	1998 年	1.41	1.23	46.51	49.95	14.56	4.11
	2003 年	4.32	0	19.22	42.19	47.85	4.19
	2008 年	3.06	1.14	33.55	63.64	11.96	4.42
	2013 年	2.24	0.41	15.74	70.03	25.14	4.22
	2018 年	5.28	0.05	14.01	83.49	10.42	4.51

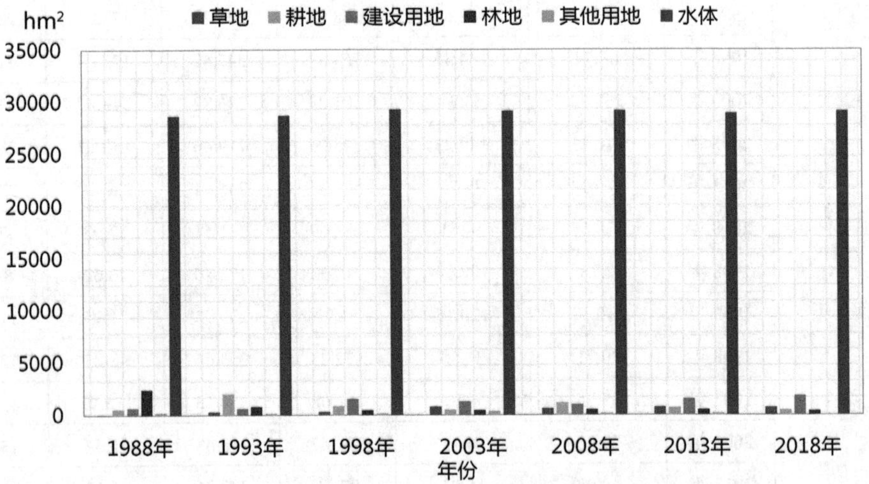

图 5-10 滇池流域湿地坡度 0° ~5° 景观类型变化图

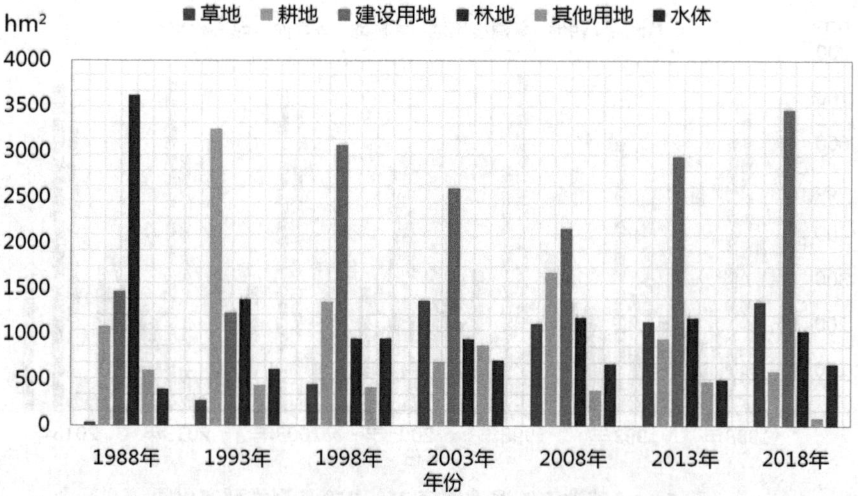

图 5-11　滇池流域湿地坡度 5°~15° 景观类型变化图

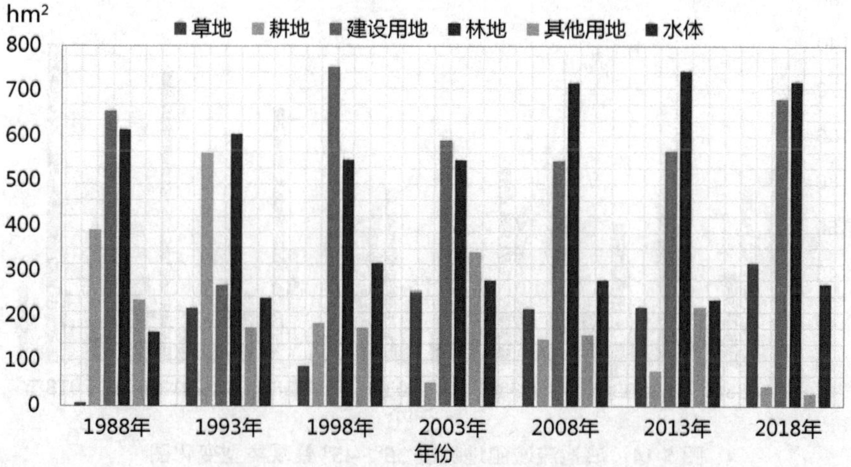

图 5-12　滇池流域湿地坡度 15°~25° 景观类型变化图

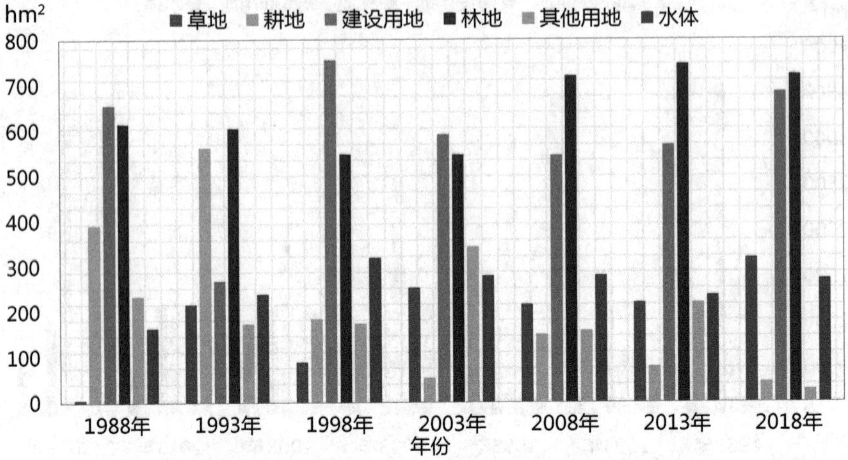

图 5-13　滇池流域湿地坡度 25°~35° 景观类型变化图

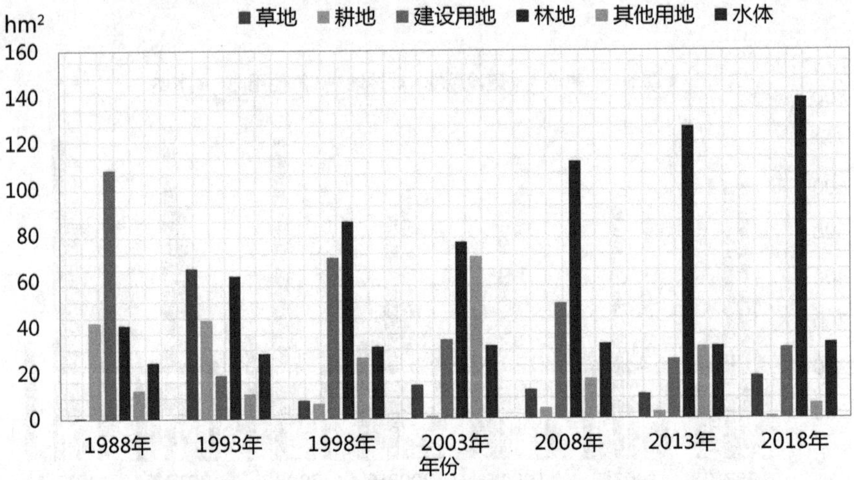

图 5-14　滇池流域湿地坡度 35°~45° 景观类型变化图

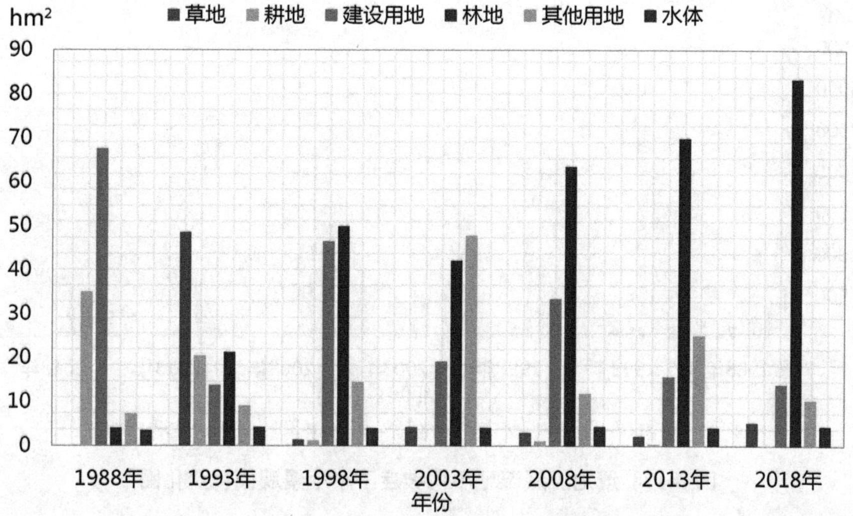

图 5-15　滇池流域湿地坡度 45°~73° 景观类型变化图

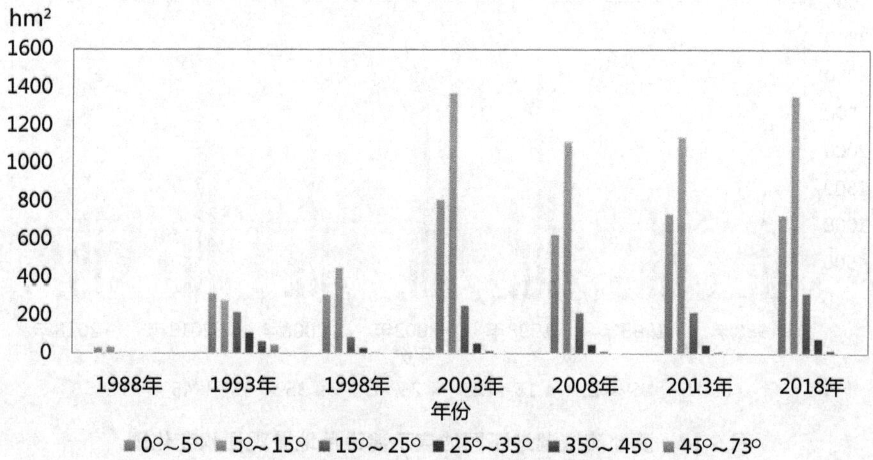

图 5-16　滇池流域湿地不同坡度下草地景观面积变化图

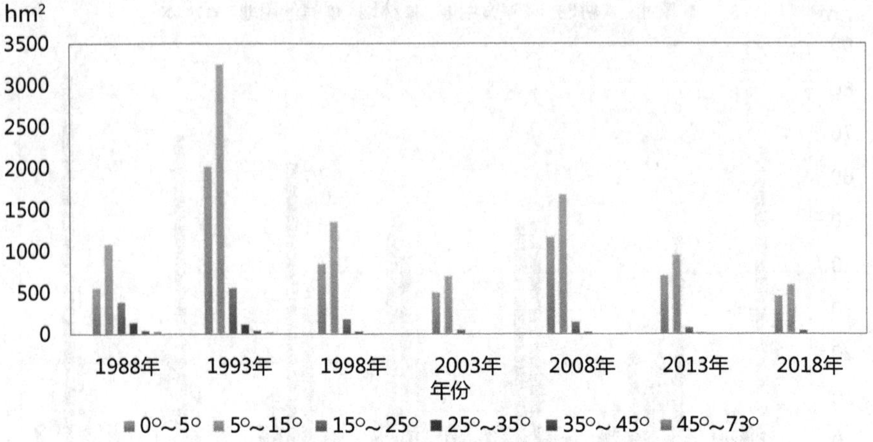

图 5-17　滇池流域湿地不同坡度下耕地景观面积变化图

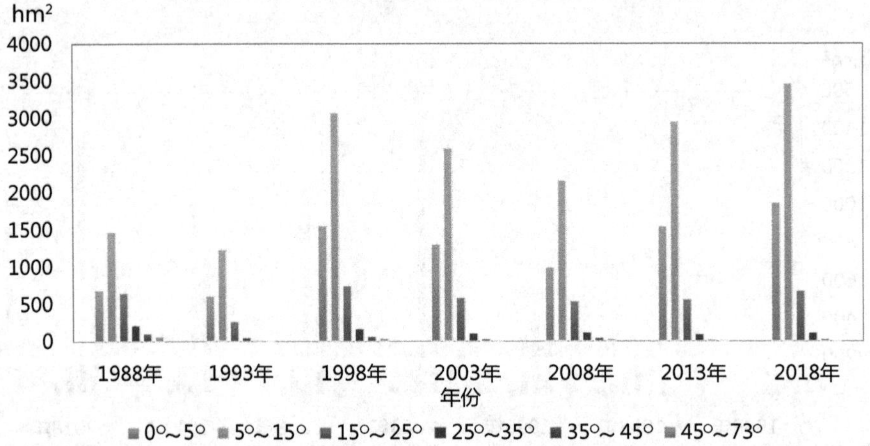

图 5-18　滇池流域湿地不同坡度下建设用地景观面积变化图

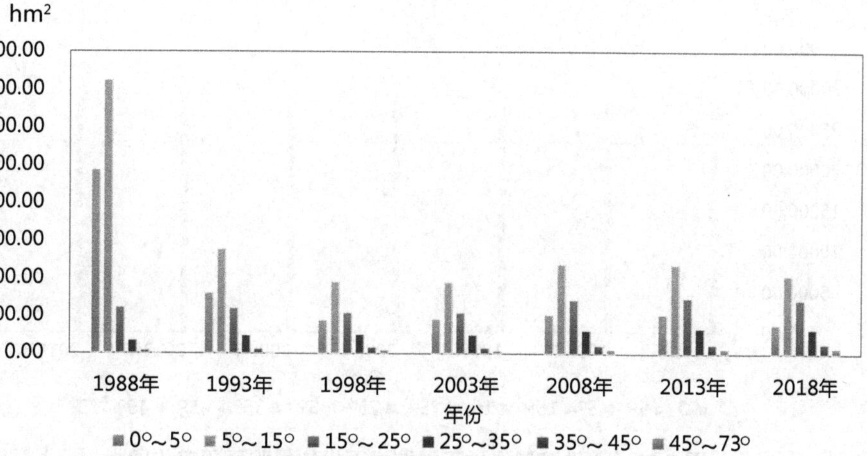

图 5-19　滇池流域湿地不同坡度下林地景观面积变化图

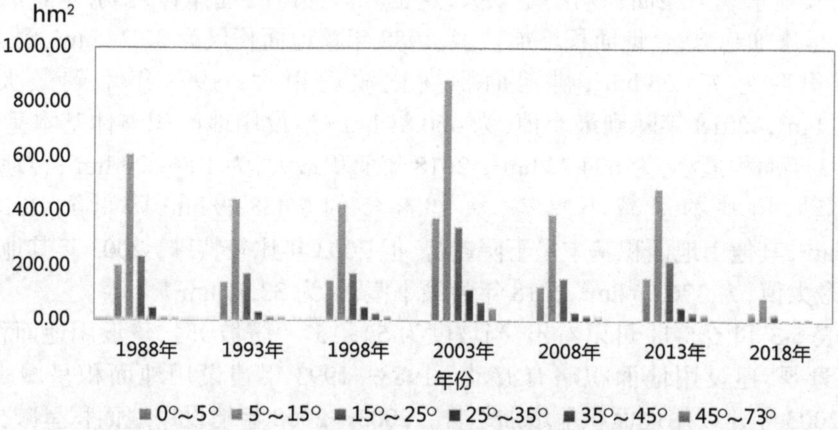

图 5-20　滇池流域湿地不同坡度下其他用地景观面积变化图

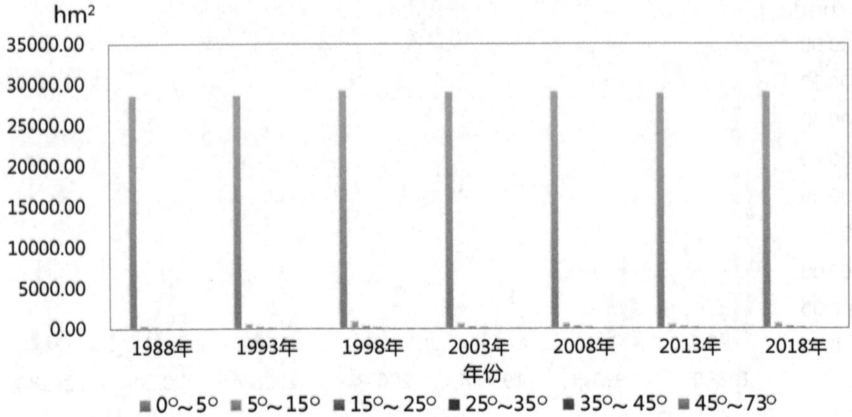

图 5-21 滇池流域湿地不同坡度下水体景观面积变化图

由表 5-3 和图 5-10 可以看出，当坡度为 0°~5°（平坡）时，水体面积最大，为优势景观，其他景观类型面积均不是太大，这也和研究区的选择有关，水体面积变化不大，基本呈增加趋势；草地面积增加较多，1988 年草地面积仅为 32.24 hm^2，到 2018 年草地面积变为 731.53 hm^2；耕地面积变化波动很大，1993 年增到最大值，为 2 025.28 hm^2，2018 年降到最小值，为 460.81 hm^2；建设用地面积整体基本呈增加趋势，1993 年面积最小，为 694.22 hm^2，2018 年面积最大，为 1 862.23 hm^2；林地面积变化有波动，但基本呈减小趋势，从 1988 年的 2 438.29 hm^2 降低到 2018 年的 386.12 hm^2；其他用地面积基本呈下降趋势，但 2003 年比较特殊，2003 年其他用地面积达到最大值，为 376.66 hm^2，2018 年为最小值，仅为 33.91 hm^2。

从表 5-3 和图 5-11 可以看出，当坡度为 5°~15°（缓坡）时，建设用地面积最大，为优势景观，建设用地面积略有波动，1988—1993 年建设用地面积呈减少趋势，1993—2003 年建设用地面积呈增加趋势，2003—2008 年建设用地面积呈减少趋势，2008—2018 年建设用地面积呈增加趋势，其实 1988—2018 年建设用地面积增加不太多。耕地面积变化有波动，1988—1993 年耕地面积增加，1993—2003 年耕地面积减小，2003—2008 年耕地面积再次增加，2008—2018 年耕地面积又一次减小。林地面积虽然在 1988—2003 年有不小波动，但基本呈减少趋势，1988 年林地面积为 3 622.87 hm^2，2018 年林地面积为 1 040.66 hm^2。其他用地面积基本呈减小趋势，和平坡时一样，在缓坡时，其他用地面积仍然在 2003 年呈特殊情况，2003 年其他用地面积最大值为 882.01 hm^2，2018 年其他用地面积最小，仅为 88.10 hm^2。水体面积虽然在 1988—2018 年基本呈上升趋势，但和平坡相比，水体面积骤然降低，1988 年水体面积仅为 403.47 hm^2，2018 年水体面积有所上升，但也只有 678.76 hm^2。1988—2018 年草地面积基本呈上升趋势，从 1988 年的 36.54 hm^2 增加到 2018 年的 1 360.455 hm^2。

由表 5-3 和图 5-12 可以看出，当坡度为 15°~25°（斜坡）时，建设用地和林地面积比较多，这两种景观类型为优势景观。1988—2018 年，建设用地面积变化波动比较大，1988—1993 年建设用地面积呈下降趋势，1993 年建设用地面积是最小值，为 268.98 hm^2；1993—1998 年建设用地面积呈上升趋势，1998 年建设用地面积是最大值，为 754.64 hm^2；1998—2008 年建设用地面积呈下降趋势；2008—2018 年建设用地面积呈增加趋势。林地面积基本呈上升趋势，1988 年林地面积为 615.03 hm^2，2018 年林地面积为 721.51 hm^2。草地面积和水体面积都略有波动，但是整体呈上升趋势。耕地面积和其他用地面积变化波动比较大，但整体呈下降趋势，而且对比 1988 年和 2018 年，发现耕地面积和其他用地面积下降很多。在斜坡时，所有类别景观面积均比平坡和缓坡状态要小。

从表 5-3 和图 5-13 可以看出，当坡度为 25°~35°（陡坡）时，林地面积较大，为优势景观。1988—2018 年，草地面积变化波动较大，呈先增大后减小最后又增大趋势：1988—1993 年草地面积骤增，1993—1998 年草地面积呈减小趋势，1998—2003 年草地面积呈增大趋势，2003—2013 年草地面积呈减小趋势，2013—2018 年草地面积呈增大趋势。耕地面积基本呈下降趋势，1988—2018 年耕地面积减少数量比较多，1988 年耕地面积还有 138.54 hm^2，但 2018 年耕地面积仅为 6.87 hm^2。建设用地面积在 1993 年比较特殊，为最小值，为 51.92 hm^2，其余变化基本呈下降趋势。林地面积变化有微小波动，基本呈增加趋势，从 1988 年的 137.40 hm^2 增加到 2018 年的 331.94 hm^2。其他用地面积变化基本可以分为两个阶段：1988—2003 年基本呈增加趋势，2003 年的其他用地面积比较大，为 115.27 hm^2，2003—2018 年其他用地面积基本呈下降趋势，到 2018 年降为 5.59 hm^2。1988—2018 年水体面积基本呈上升趋势。

从表 5-3 和图 5-14 可以看出，当坡度为 35°~45°（急坡）时，林地面积较大，为优势景观，其他景观类型面积都减少很多。1988—2018 年，草地面积、耕地面积、建设用地面积、其他用地面积变化均有波动，但整体都呈下降趋势；林地面积、水体面积整体呈增加趋势。在这个坡度等级上，林地面积增加的数量比较多，从 1988 年的 40.72 hm^2 增加到 2018 年的 139.17 hm^2；水体面积仅有略微增加。

从表 5-3 和图 5-15 可以看出，当坡度为 45°~73°（险坡）时，各景观面积进一步减少，林地面积仍占比较大，为优势景观。1988—2018 年，草地面积、林地面积、其他用地面积、水体面积均有略微增加；耕地面积、建设用地面积均呈减小趋势。

从以上纵向对比可以看出，当坡度较低时，各景观类型面积随时间有不同变化，但是景观面积都比较大，但当坡度增大时，尤其是在陡坡、急坡、险坡时，各景观类型面积均有不同程度减少，在坡度比较大时，林地景观面积占比均比较大，为优势景观。

图 5-16 至图 5-21 给出了滇池流域湿地不同坡度下各类景观面积的变化，为横向对比图。

从图5-16可以看出,草地景观在坡度为0°~5°(平坡)和5°~15°(缓坡)时面积占比较大。在1998年以前,草地在平坡的面积比缓坡的大,但在1998年以后,草地在缓坡的面积比平坡的大。草地在坡度为15°~25°(斜坡)上的面积相比平坡和陡坡减少很多,在25°~35°(陡坡)、35°~45°(急坡)、45°~73°(险坡)的面积就更小。

从图5-17可以看出,相比其他坡度,耕地景观在坡度为0°~5°(平坡)和5°~15°(缓坡)时面积占比较大,而且耕地在缓坡的面积比平坡的大。草地在坡度为15°~25°(斜坡)的面积相比平坡和陡坡骤然减少,在25°~35°(陡坡)、35°~45°(急坡)、45°~73°(险坡)时草地面积占比更小。

从图5-18可以看出,建设用地景观在坡度为5°~15°(缓坡)时面积占比最大,在坡度为0°~5°(平坡)面积占比次之,在坡度为15°~25°(斜坡)上的面积虽然比前两个坡度上的面积小,但从整个景观类型来看,建筑面积仍是优势景观,而在25°~35°(陡坡)、35°~45°(急坡)、45°~73°(险坡)上建设用地面积急剧减少。

从图5-19可以看出,林地景观和建设用地景观一样,均是在坡度为5°~15°(缓坡)时面积占比最大,在坡度为0°~5°(平坡)和15°~25°(斜坡)上的面积不相上下,在25°~35°(陡坡)时林地面积虽有减少,但仍占据不小空间,在35°~45°(急坡)、45°~73°(险坡)上林地面积才骤然下降。

从图5-20可以看出,其他用地景观主要分布于坡度为15°~25°(斜坡)上,在坡度0°~5°(平坡)和15°~25°(斜坡)上也有不小分布,当坡度大于25°时,随着坡度的增加,其他用地景观面积呈逐步减少趋势。

从图5-21可以看出,水体景观基本上都分布在坡度为0°~5°(平坡)上,其他坡度上水体景观面积都比较小,尤其是在45°~73°(险坡)上,水体面积基本可以忽略不计。

总之,坡度对滇池流域湿地景观分布有较大影响,水体仅在平坡时面积占比较大;林地景观在各级坡度上都有分布,随着坡度增加,林地景观的优势逐渐显现,坡度越大,其景观优势度越明显;建设用地景观、其他用地景观均在缓坡时面积最大;草地景观和耕地景观均在坡度为0°~5°(平坡)和5°~15°(缓坡)时面积占比较大。

5.2 人为因素驱动力

随着经济社会的发展,人为因素对景观格局的影响日益加深,通过参考相关研究文献,并结合滇池流域湿地的实际情况,从人口因素、经济因素、政策因素、城市建设因素、旅游因素等5个方面分析人为因素对景观格局变化的影响。

为定量探究不同人为因素对景观格局的影响,本书研究运用灰色关联理论对各人为因素与景观格局演变进行关联性分析。灰色关联分析是一种统计分析技术,主要用于分析系统中母因素与子因素关系的密切程度,从而判断引起该系统发展变化的主要因素和次要因素,其是对系统动态发展态势的量化比较分析方法,与传统的数理统计方法相比,具有计算量小、无样本量多少限制、不会出现量化结果与定量分析结果不符的情况等优点,是一种高效可靠的分析方法。灰色关联分析主要有 6 个步骤:①选择参考序列,对于本书研究来说,即将不同年份的景观水平指数作为分析参考数列,将人为因素作为比较数列;②对变量进行无量纲化处理;③求出差序列、最大值和最小差;④计算关联系数;⑤求关联度;⑥分析结果。

5.2.1　人口因素驱动力

人口对于景观格局的变化有着深远的影响,一般而言,人口越多的地区,人类活动强度越大,对空间格局的干扰性也就越强。根据《昆明市统计年鉴》对滇池流域地区的六区常住人口数量、人口密度进行了统计,其中人口数量按照年末常住人口进行统计,在计算人口密度时,用到的滇池流域总面积为 2 920 km^2,统计结果如表 5-4 和图 5-22 所示。

表 5-4　滇池流域人口情况统计表

年份	五华区/万人	盘龙区/万人	官渡区/万人	西山区/万人	呈贡区/万人	晋宁区/万人	六区人口总数/万人	人口密度/（人/km^2）
1988 年	36.17	37.55	37.55	29.52	13.65	23.75	178.19	610
1993 年	38.71	39.84	51.16	31.05	14.15	24.68	199.60	683
1998 年	42.23	42.13	55.96	32.74	14.89	25.91	213.86	732
2003 年	51.59	46.16	61.02	35.08	15.81	27.31	236.97	811
2008 年	87.49	65.91	75.61	70.75	22.50	28.04	350.30	1 199
2013 年	86.30	82.20	87.00	77.20	32.60	29.40	394.70	1 351
2018 年	87.82	84.20	91.39	79.27	35.31	30.92	408.91	1 400

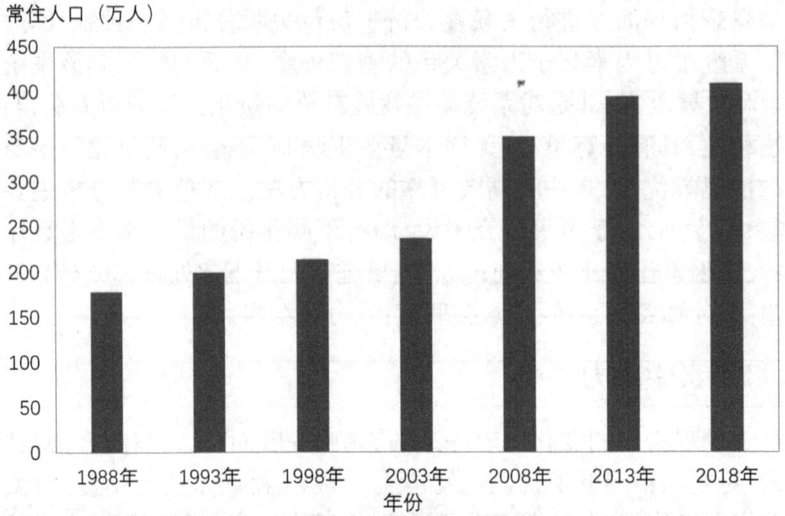

图 5-22　1988—2018 年滇池流域常住人口数量变化

由表 5-4 和图 5-22 可知，1988—2018 年滇池流域常住人口呈增加趋势，其中 1988 年滇池流域常住人口为 178.19 万人，1993 年为 199.60 万人，1998 年为 213.86 万人，2003 年为 236.97 万人，2008 年为 350.30 万人，2013 年为 394.70 万人，2018 年为 408.91 万人，可以明显看出人口数量逐年增加，三十年内滇池流域人口增加了 230.72 万人；人口密度由 1988 年的 610 人/km^2 增加到 2018 年的 1 400 人/km^2。人口的增加改变了滇池流域的景观构成，具体如下。

（1）人口的增加伴随着建设用地面积的增加，首先基础设施建设会增加，如在 20 世纪 90 年代时，昆明市就进行了大量的基础设施建设，到 1998 年底，全市道路长度达 887 km，道路面积为 905.15 万平方米，全市共新建立交桥 22 座、人行天桥 30 座；而且人口的增加伴随着住房的增加，如 1989—1998 年昆明市加快了旧城改造、新区开发、安居工程经济适用房以及商品房的建设速度，1998 年底昆明市实有房屋建设面积达 5 070 万平方米，实有住宅面积 2 648 万平方米；昆明城区的建设也逐步加快，2003 年昆明市建成区面积为 180 km^2，2008 年昆明市建成区面积达到 249 km^2。

（2）人口的增加造成耕地面积的减少。人口之所以增加那么快，是因为大量人口以农民工的形式进入城市，部分农民的生产方式发生转变，由农业生产方式转变为非农业生产方式，这一现象对耕地景观类型影响较大。

（3）人口增加在一定程度上增加了景观的破碎度，因为建设用地的增加会把林地景观、草地景观甚至是其他用地景观分割成一个个的小斑块，从而增加景观的破碎度。

为了更加明确地说明人口因素对景观格局演变的影响，采用灰色关联分析来定量分析人口因素对景观格局演变的影响，分别选取 3 个景观水平指数——多样性指数（*SHDI*）、斑块密度（*PD*）、蔓延度指数（*CONTAG*）与人口因素进行灰色关联分析。

1. 景观格局多样性指数（*SHDI*）与人口因素的灰色关联分析

选取景观格局多样性指数（*SHDI*）作为参考序列 x_0，常住人口（x_1）和人口密度（x_2）作为比较序列，各序列值见表 5-5。采用初值法对表 5-5 进行无量纲化处理，得到表 5-6。

表 5-5　滇池流域湿地 1988—2018 年常住人口、人口密度及 *SHDI* 指数数据表

年份	*SHDI*（x_0）	常住人口（x_1）	人口密度（x_2）
1988 年	1.008 5	178.19	610
1993 年	1.038 6	199.6	683
1998 年	0.985	213.86	732
2003 年	1.05	236.97	811
2008 年	1.048 5	350.3	1 199
2013 年	1.061 7	394.7	1 351
2018 年	0.982 6	408.91	1 400

表 5-6　无量纲化处理

年份	*SHDI*（x_0）	常住人口（x_1）	人口密度（x_2）
1988 年	1	1	1
1993 年	1.029 846 306	1.120 152 646	1.119 672 131
1998 年	0.976 698 066	1.200 179 584	1.2
2003 年	1.041 150 223	1.329 872 608	1.329 508 197
2008 年	1.039 662 866	1.965 879 118	1.965 573 77
2013 年	1.052 751 611	2.215 051 35	2.214 754 098
2018 年	0.974 318 294	2.294 797 688	2.295 081 967

通过对表 5-6 进行计算处理得到差序列值，分别是 Δ_{01}=（0，0.090 306 34，0.223 481 517，0.288 722 385，0.926 216 252，1.162 299 738，1.320 479 393）；Δ_{02}=（0，0.089 825 825，0.223 301 934，0.288 357 974，0.925 910 905，1.162 002 487，1.320 763 673）。两极最大差 M=1.320 763 673，两极最小差 m=0，分辨率 ξ 取值为 0.5，得到灰色关联系数和灰色关联度，见表 5-7。

表 5-7 灰色关联系数和灰色关联度

年份	$R[x_0(k),x_1(k)]$	$R[x_0(k),x_2(k)]$
1988 年	1	1
1993 年	0.879 701 929	0.880 265 386
1998 年	0.747 153 77	0.747 305 607
2003 年	0.695 794 858	0.696 062 113
2008 年	0.416 225 03	0.416 305 149
2013 年	0.362 313 333	0.362 372 43
2018 年	0.333 381 171	0.333 333 333
灰色关联度 $r(x_0,x_i)$	0.633 510 013	0.633 663 431

从以上计算结果可以看出，$r(x_0,x_1)$=0.633 510 013，$r(x_0,x_2)$=0.633 663 431，即 $r(x_0, x_2)>r(x_0, x_1)$，这表明人口密度与景观多样性之间的关系更为紧密，人口密度对景观多样性起到的作用更为明显。另外，常住人口、人口密度和景观多样性之间的关联度都在 0.6 以上，表明人口因素对景观多样性的变化有较大影响。

2. 斑块密度（*PD*）与人口因素的灰色关联分析

选取斑块密度（*PD*）作为参考序列 x_0，常住人口（x_1）和人口密度（x_2）作为比较序列，各序列值见表 5-8。采用初值法对表 5-8 进行无量纲化处理，得到表 5-9。

表 5-8 滇池流域湿地 1988—2018 年常住人口、人口密度及 *PD* 指数数据表

年份	$PD(x_0)$	常住人口（x_1）	人口密度（x_2）
1988 年	4.795 8	178.19	610
1993 年	6.160 7	199.6	683
1998 年	7.306 6	213.86	732
2003 年	7.513 9	236.97	811
2008 年	7.446 4	350.3	1 199
2013 年	7.043 4	394.7	1 351
2018 年	6.207 3	408.91	1 400

表 5-9　无量纲化处理表

年份	$PD(x_0)$	常住人口(x_1)	人口密度(x_2)
1988 年	1	1	1
1993 年	1.284 603 194	1.120 152 646	1.119 672 131
1998 年	1.523 541 432	1.200 179 584	1.2
2003 年	1.566 766 754	1.329 872 608	1.329 508 197
2008 年	1.552 691 939	1.965 879 118	1.965 573 77
2013 年	1.468 660 078	2.215 051 35	2.214 754 098
2018 年	1.294 320 03	2.294 797 688	2.295 081 967

通过对表 5-9 进行计算处理得到差序列值，分别是 Δ_{01}=(0，0.164 450 548，0.323 361 848，0.236 894 146，0.413 187 179，0.746 391 272，1.000 477 658)；Δ_{02}=(0，0.164 931 063，0.323 541 432，0.237 258 558，0.412 881 832，0.746 094 021，1.000 761 937)。两极最大差 M=1.000 761 937，两极最小差 m=0，分辨率 ξ 取值为 0.5，得到灰色关联系数和灰色关联度，见表 5-10。

表 5-10　灰色关联系数和灰色关联度

年份	$R[x_0(k),x_1(k)]$	$R[x_0(k),x_2(k)]$
1988 年	1	1
1993 年	0.752 643 272	0.752 099 683
1998 年	0.607 448 051	0.607 315 65
2003 年	0.678 689 621	0.678 354 333
2008 年	0.547 721 557	0.547 904 687
2013 年	0.401 341 121	0.401 436 83
2018 年	0.333 396 47	0.333 333 333
灰色关联度 $r(x_0,x_i)$	0.617 320 013	0.617 206 36

从以上计算结果可以看出，$r(x_0, x_1)$=0.617 320 013，$r(x_0, x_2)$=0.617 206 36，即 $r(x_0, x_1)>r(x_0, x_2)$，这表明常住人口与斑块密度之间的关系更为紧密，常住人口对斑块密度起到的作用更为明显。另外，常住人口、人口密度和斑块密度(*PD*)之间的关联度都在 0.6 以上，表明人口因素对斑块密度的变化有较大影响。

3. 景观蔓延度指数(*CONTAG*)与人口因素的灰色关联分析

选取景观蔓延度指数(*CONTAG*)作为参考序列 x_0，常住人口(x_1)和人口密度

(x_2)作为比较序列,各序列值见表 5-11。采用初值法对表 5-11 进行无量纲化处理,得到表 5-12。

表 5-11 滇池流域湿地 1988—2018 年常住人口、人口密度及 *CONTAG* 指数数据表

年份	CONTAG(x_0)	常住人口(x_1)	人口密度(x_2)
1988 年	66.729 2	178.19	610
1993 年	64.844 7	199.6	683
1998 年	66.432 2	213.86	732
2003 年	64.290 2	236.97	811
2008 年	64.501 7	350.3	1 199
2013 年	64.010 4	394.7	1 351
2018 年	66.832 1	408.91	1 400

表 5-12 无量纲化处理表

年份	*CONTAG*(x_0)	常住人口(x_1)	人口密度(x_2)
1988 年	1	1	1
1993 年	0.971 758 99	1.120 152 646	1.119 672 131
1998 年	0.995 549 175	1.200 179 584	1.2
2003 年	0.963 449 285	1.329 872 608	1.329 508 197
2008 年	0.966 618 812	1.965 879 118	1.965 573 77
2013 年	0.959 256 218	2.215 051 35	2.214 754 098
2018 年	1.001 542 054	2.294 797 688	2.295 081 967

通过对表 5-12 进行计算处理得到差序列值,分别是 Δ_{01}=(0, 0.148 393 656, 0.204 630 409, 0.366 423 323, 0.999 260 306, 1.255 795 132, 1.293 255 634); Δ_{02}=(0, 0.147 913 141, 0.204 450 825, 0.366 058 912, 0.998 954 959, 1.255 497 881, 1.293 539 914)。两极最大差 M=1.293 539 914,两极最小差 m=0,分辨率 ξ 取值为 0.5,得到灰色关联系数和灰色关联度,见表 5-13。

表 5-13　灰色关联系数和灰色关联度

年份	$R[x_0(k),x_1(k)]$	$R[x_0(k),x_2(k)]$
1988 年	1	1
1993 年	0.813 379 72	0.813 871 54
1998 年	0.759 654 31	0.759 814 575
2003 年	0.638 348 052	0.638 577 727
2008 年	0.392 927 136	0.393 000 039
2013 年	0.339 946 297	0.339 999 418
2018 年	0.333 382 178	0.333 333 333
灰色关联度 $r(x_0,x_i)$	0.611 091 099	0.611 228 09

从以上计算结果可以看出，$r(x_0, x_1)$=0.611 091 099，$r(x_0, x_2)$=0.611 228 09，即 $r(x_0, x_2)>r(x_0, x_1)$，这表明人口密度与景观蔓延度指数之间的关系更为紧密，人口密度对景观蔓延度指数起到的作用更为明显。另外，常住人口、人口密度和景观蔓延度指数之间的关联度都在 0.6 以上，表明人口因素对景观蔓延度指数的变化有较大影响。

综上可知，常住人口、人口密度与 3 个景观水平的灰色关联度都在 0.6 以上，说明人口因素和景观多样性水平、破碎化程度均相关，而且和景观多样性水平的相关性要更高一些。

5.2.2　经济因素驱动力

自改革开放以来，昆明市经济得到了快速发展，经济规模不断扩大，尤其是 20 世纪 90 年代昆明市承办了很多国家级乃至世界级的会议和活动，如 1999 年世界园艺博览会、第三届中国艺术节、昆交会等，为了这些会议、活动的顺利开展，昆明市加大了基础设施建设，投资额达到 188 亿元，年投入 33.4 亿元，经济社会发展更加迅速。由于滇池流域包含昆明市大部分区域，而且对经济因素的研究以城市为主更容易统计数据，故本节的数据采用整个昆明市的数据，整理了 1988—2018 年昆明市统计年鉴，选取部分指标反映这 30 年的经济发展状况，如表 5-14、图 5-23 和图 5-24。

表 5-14　1988—2018 年昆明市经济发展状况

年份	国内生产总值（*GDP*）/万元	第一产业/万元	第二产业/万元	第三产业/万元	人均 *GDP*/元
1988 年	726 902	108 407	451 858	166 637	3 802

续表

年份	国内生产总值(*GDP*)/万元	第一产业/万元	第二产业/万元	第三产业/万元	人均 *GDP*/元
1993 年	2 321 078	201 110	1 239 962	875 490	5 425
1998 年	5 629 465	507 149	2 628 500	2 493 816	12 137
2003 年	8 182 598	650 417	3 543 658	3 988 523	16 438
2008 年	16 340 007	1 049 392	7 354 500	7 936 115	26 286
2013 年	35 080 909	1 696 839	13 598 444	19 785 626	50 768
2018 年	60 205 031	2 221 609	19 640 794	38 342 628	75 959

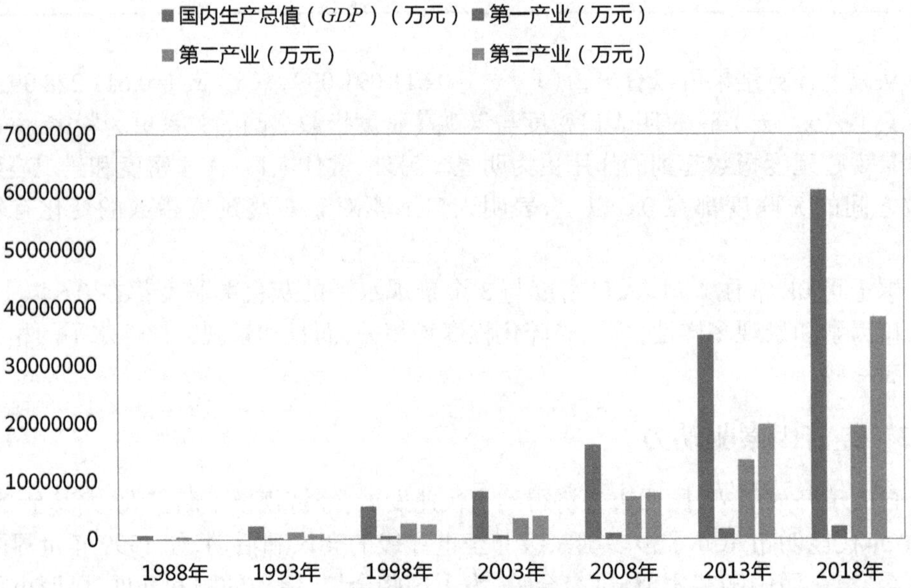

图 5-23　1988—2018 年昆明市经济指标

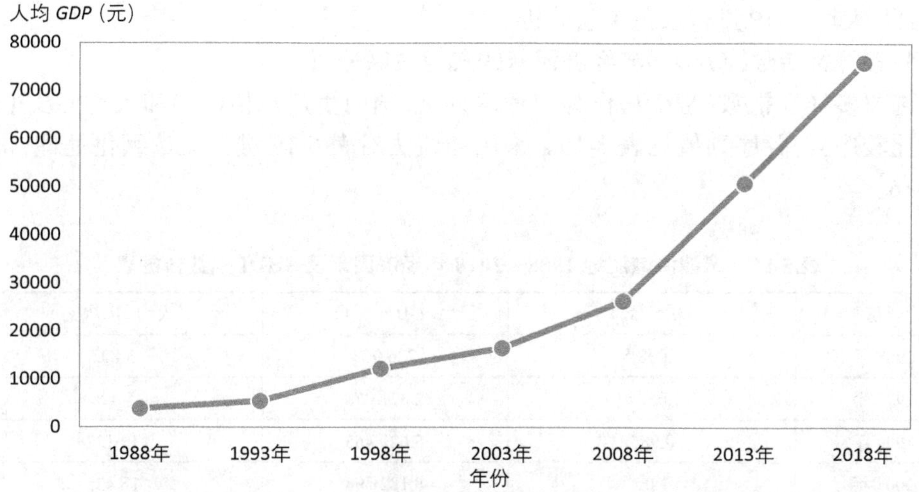

图 5-24　1988—2018 年昆明市人均 *GDP*

从表 5-14、图 5-23 和 5-24 可知，1988—2018 年昆明市国内生产总值（*GDP*）一直呈上升趋势，每隔五年 *GDP* 就会出现巨大的飞跃，尤其是从 20 世纪 90 年代到 21 世纪 20 年代，昆明市经济规模迅速扩大，从 1998 年和 2018 年的数据可以看出昆明市发展的情况，1998 年昆明市的 *GDP* 是 5 629 465 万元，第一产业总产值达到了 507 149 万元，第二产业总产值达到了 2 628 500 万元，第三产业总产值达到了 2 493 816 万元，人均 *GDP* 是 12 137 元，而 2008 年昆明市的 *GDP* 是 16 340 007 万元，第一产业总产值是 1 049 392 万元，第二产业总产值是 7 354 500 万元，第三产业总产值是 7 936 115 万元，人均 *GDP* 是 26 286 元。1998—2008 年，昆明市的 *GDP* 增加了 10 710 542 万元，第一产业总产值增加了 542 243 万元，第二产业总产值增加了 4 726 000 万元，第三产业总产值增加了 5 442 299 万元，人均 *GDP* 增加了 14 149 元。而 2008—2018 年，昆明市的 *GDP* 增加了 43 865 024 万元，第一产业总产值增加了 1 172 217 万元，第二产业总产值增加了 12 286 294 万元，第三产业总产值增加了 30 406 513 万元，人均 *GDP* 增加了 49 673 元，增加量非常显著。经济的发展催化景观格局的重构，一方面经济的快速发展会增加人们对住房的需求，另一方面也会增加人们对基础设施的需求，如需要更多的停车场、道路、厕所、休憩广场、街边绿地等，故建设用地景观一般会增加，防护绿地、附属绿地也会增加，同时以前农耕时代大的斑块会被分割成不同景观类型的小斑块，从而使景观的破碎度增加。

为了更好地观察经济因素和景观格局演变之间的关系，采用灰色关联分析来定量分析经济因素对景观格局演变的影响。选取 3 个景观水平指数——多样性指数（*SHDI*）、斑块密度（*PD*）、蔓延度指数（*CONTAG*）与经济因素中的国内生产总值

（*GDP*）、人均 *GDP* 进行灰色关联分析。

1. 多样性指数（*SHDI*）与经济因素的灰色关联分析

选取多样性指数（*SHDI*）作为参考序列 x_0，国内生产总值（x_1）和人均 *GDP*（x_2）作为比较序列，各序列值见表 5-15。采用初值法对表 5-15 进行无量纲化处理，得到表 5-16。

表 5-15 滇池流域湿地 1988—2018 年经济因素及 SHDI 指数数据表

年份	*SHDI*（x_0）	*GDP*（x_1）	人均 *GDP*（x_2）
1988 年	1.008 5	726 902	3 802
1993 年	1.038 6	2 321 078	5 425
1998 年	0.985	5 629 465	12 137
2003 年	1.05	8 182 598	16 438
2008 年	1.048 5	16 340 007	26 286
2013 年	1.061 7	35 080 909	50 768
2018 年	0.982 6	60 205 031	75 959

表 5-16 无量纲化处理表

年份	*SHDI*（x_0）	*GDP*（x_1）	人均 *GDP*（x_2）
1988 年	1	1	1
1993 年	1.029 846 306	3.193 109 938	1.426 880 589
1998 年	0.976 698 066	7.744 462 115	3.192 267 228
2003 年	1.041 150 223	11.256 810 41	4.323 513 94
2008 年	1.039 662 866	22.478 968 28	6.913 729 616
2013 年	1.052 751 611	48.260 850 84	13.352 972 12
2018 年	0.974 318 294	82.824 137 23	19.978 695 42

通过对表 5-16 进行计算处理得到差序列值，分别是 Δ_{01}=（0，2.163 263 631，6.767 764 048，10.215 660 19，21.439 305 41，47.208 099 23，81.849 818 93）；Δ_{02}=（0，0.397 034 283，2.215 569 161，3.282 363 717，5.874 066 75，12.300 220 51，19.004 377 13）。两极最大差 M=81.849 818 93，两极最小差 m=0，分辨率 ξ 取值为 0.5，得到灰色关联系数和灰色关联度，见表 5-17。

表 5-17　灰色关联系数和灰色关联度

年份	$R[x_0(k),x_1(k)]$	$R[x_0(k),x_2(k)]$
1988 年	1	1
1993 年	0.949 794 492	0.990 391 684
1998 年	0.858 096 358	0.948 642 917
2003 年	0.800 243 52	0.925 750 595
2008 年	0.656 224 239	0.874 483 007
2013 年	0.464 353 936	0.768 902 011
2018 年	0.333 333 333	0.682 886 645
灰色关联度 $r(x_0,x_i)$	0.723 149 411	0.884 436 694

从以上计算结果可以看出，$r(x_0,x_1)$=0.723 149 411，$r(x_0,x_2)$=0.884 436 694，即 $r(x_0, x_2)>r(x_0, x_1)$，这表明人均 *GDP* 与景观多样性指数之间的关系更为紧密，人均 *GDP* 对景观多样性起到的作用更为明显。另外，国内生产总值（*GDP*）、人均 *GDP* 和景观多样性指数（*SHDI*）之间的关联度均比较高，都在 0.7 以上，表明经济因素对景观多样性的变化有很大影响。

2. 斑块密度（*PD*）与经济因素的灰色关联分析

选取斑块密度（*PD*）作为参考序列 x_0，国内生产总值（x_1）和人均 *GDP*（x_2）作为比较序列，各序列值见表 5-18。采用初值法对表 5-18 进行无量纲化处理，得到表 5-19。

表 5-18　滇池流域湿地 1988—2018 年经济因素及 *PD* 指数数据表

年份	$PD(x_0)$	$GDP(x_1)$	人均 $GDP(x_2)$
1988 年	4.795 8	726 902	3 802
1993 年	6.160 7	2 321 078	5 425
1998 年	7.306 6	5 629 465	12 137
2003 年	7.513 9	8 182 598	16 438
2008 年	7.446 4	16 340 007	26 286
2013 年	7.043 4	35 080 909	50 768
2018 年	6.207 3	60 205 031	75 959

表 5-19 无量纲化处理表

年份	$PD(x_0)$	$GDP(x_1)$	人均 $GDP(x_2)$
1988年	1	1	1
1993年	1.284 603 194	3.193 109 938	1.426 880 589
1998年	1.523 541 432	7.744 462 115	3.192 267 228
2003年	1.566 766 754	11.256 810 41	4.323 513 94
2008年	1.552 691 939	22.478 968 28	6.913 729 616
2013年	1.468 660 078	48.260 850 84	13.352 972 12
2018年	1.294 320 03	82.824 137 23	19.978 695 42

通过对表5-19进行计算处理得到差序列值，分别是 Δ_{01}=(0，1.908 506 743，6.220 920 682，9.690 043 655，20.926 276 34，46.792 190 77，81.529 817 2)；Δ_{02}=(0，0.142 277 395，1.668 725 796，2.756 747 186，5.361 037 677，11.884 312 04，18.684 375 39)。两极最大差 M=81.529 817 2，两极最小差 m=0，分辨率 ξ 取值为0.5，得到灰色关联系数和灰色关联度，见表5-20。

表 5-20 灰色关联系数和灰色关联度

年份	$R[x_0(k),x_1(k)]$	$R[x_0(k),x_2(k)]$
1988年	1	1
1993年	0.955 276 447	0.996 521 946
1998年	0.867 600 066	0.960 674 455
2003年	0.807 946 629	0.936 658 035
2008年	0.660 789 846	0.883 773 925
2013年	0.465 580 848	0.774 273 733
2018年	0.333 333 333	0.685 708 992
灰色关联度 $r(x_0,x_i)$	0.727 218 167	0.891 087 298

从以上计算结果可以看出，$r(x_0,x_1)$=0.727 218 167，$r(x_0,x_2)$=0.891 087 298，即 $r(x_0,x_2)>r(x_0,x_1)$，这表明人均 *GDP* 与斑块密度（*PD*）之间的关系更为紧密，人均 *GDP* 对斑块密度（*PD*）起到的作用更为明显。另外，国内生产总值（*GDP*）、人均 *GDP* 和斑块密度（*PD*）之间的关联度均比较高，都在0.7以上，表明经济因素对斑块密度（*PD*）的变化有很大影响。斑块密度（*PD*）可以反映景观的破碎度，这也说明国内生产总值（*GDP*）和人均 *GDP* 均对景观破碎度有很大影响，特别是人均 *GDP* 对景

观的破碎度影响更大。

3. 蔓延度指数(*CONTAG*)与经济因素的灰色关联分析

选取蔓延度指数(*CONTAG*)作为参考序列 x_0,国内生产总值(x_1)和人均 *GDP* (x_2)作为比较序列,各序列值见表 5-21。采用初值法对表 5-21 进行无量纲化处理,得到表 5-22。

表 5-21　滇池流域湿地 1988—2018 年经济因素及 *CONTAG* 指数数据表

年份	*CONTAG*(x_0)	*GDP*(x_1)	人均 *GDP*(x_2)
1988 年	66.729 2	726 902	3 802
1993 年	64.844 7	2 321 078	5 425
1998 年	66.432 2	5 629 465	12 137
2003 年	64.290 2	8 182 598	16 438
2008 年	64.501 7	16 340 007	26 286
2013 年	64.010 4	35 080 909	50 768
2018 年	66.832 1	60 205 031	75 959

表 5-22　无量纲化处理表

年份	*CONTAG*(x_0)	*GDP*(x_1)	人均 *GDP*(x_2)
1988 年	1	1	1
1993 年	0.971 758 99	3.193 109 938	1.426 880 589
1998 年	0.995 549 175	7.744 462 115	3.192 267 228
2003 年	0.963 449 285	11.256 810 41	4.323 513 94
2008 年	0.966 618 812	22.478 968 28	6.913 729 616
2013 年	0.959 256 218	48.260 850 84	13.352 972 12
2018 年	1.001 542 054	82.824 137 23	19.978 695 42

通过对表 5-22 进行计算处理得到差序列值,分别是 Δ_{01}=(0, 2.221 350 948, 6.748 912 94, 10.293 361 12, 21.512 349 47, 47.301 594 63, 81.822 595 18); Δ_{02}=(0, 0.455 121 599, 2.196 718 053, 3.360 064 655, 5.947 110 804, 12.393 715 9, 18.977 153 37)。两极最大差 M=81.822 595 18,两极最小差 m=0,分辨率 ξ 取值为 0.5,得到灰色关联系数和灰色关联度,见表 5-23。

表 5-23 灰色关联系数和灰色关联度

年份	$R[x_0(k),x_1(k)]$	$R[x_0(k),x_2(k)]$
1988年	1	1
1993年	0.948 499 547	0.988 997 8
1998年	0.858 395 234	0.949 041 541
2003年	0.798 976 082	0.924 102 976
2008年	0.655 381 406	0.873 083 38
2013年	0.463 779 121	0.767 494 367
2018年	0.333 333 333	0.683 124 992
灰色关联度 $r(x_0,x_i)$	0.722 623 532	0.883 692 151

从以上计算结果可以看出，$r(x_0,x_1)$=0.722 623 532，$r(x_0,x_2)$=0.883 692 151，即 $r(x_0,x_2)>r(x_0,x_1)$，这表明人均 *GDP* 与蔓延度指数（*CONTAG*）之间的关系更为紧密，人均 *GDP* 对蔓延度指数（*CONTAG*）起到的作用更为明显。另外，国内生产总值（*GDP*）、人均 *GDP* 和蔓延度指数（*CONTAG*）之间的关联度均比较高，都在 0.7 以上，表明经济因素对蔓延度指数（*CONTAG*）的变化有很大影响。蔓延度指数（*CONTAG*）可以反映景观的延展趋势和连通性，这也说明国内生产总值（*GDP*）和人均 *GDP* 均对景观连通性有很大影响，特别是人均 *GDP* 对景观的连通性影响更大。

综上分析可知，人均 *GDP* 和景观多样性、斑块密度、蔓延度之间的相关性更强，尤其是人均 *GDP* 和斑块密度之间的相关性最大，灰色关联度达到了 0.891 087 298；国内生产总值（*GDP*）和景观多样性、斑块密度、蔓延度之间的相关性也还可以，灰色关联度均在 0.7 以上。这说明经济因素和景观多样性水平、破碎化程度、景观连通性均相关，而且和景观破碎度的相关性要更高一些。

5.2.3 政策因素驱动力

政策因素对区域景观变化起导向作用，甚至是小尺度时空范围内景观格局变化的决定因素。滇池流域的发展在国家层面上关系到西南地区社会经济发展的战略安排、云南省社会经济发展的核心动力等问题。20 世纪 90 年代后，滇池治理被纳入国家层面的环境治理、社会发展问题，“九五”以来，国务院连续 3 个五年计划都将滇池纳入国家“三河三湖”重点污染治理项目。作为国家重点治理“三河三湖”的难点，滇池治理一直备受关注，习近平总书记 3 次考察云南时都对滇池治理做出了重要指示。2020 年 1 月 20 日，习近平总书记在云南考察时指出：“滇池是镶嵌在昆明的一颗宝石，要拿出咬定青山不放松的劲头，按照山水林田湖草是一个生命共同体的理念，加强综合治理、系统治理、源头治理，再接再厉，把滇池治理工作做得更好。”

纵观整个滇池流域在改革开放后的发展，大致可以分为以下几个阶段。

第一阶段是 1988—1995 年，滇池流域快速发展，尤其是工业得到显著发展，特别是滇池西岸的重工业发展特别快，由于城镇生活污水、工业污水、废气以及农业化肥农药等污染进一步使滇池污染加剧，水质降为 V 类，昆明市政府在 1988 年制定了《滇池保护条例》、1989 年印发了《松华坝水源保护区综合整治纲要》、1990 年 1 月成立了昆明市滇池保护委员会、1993 年制定了《滇池综合整治大纲》，对滇池流域的生态环境进行立法、规划和治理，并提出整治纲要和大纲对滇池流域生态环境进行系统的治理和规划，这一阶段初步探索研究了治理滇池的方式方法。

第二阶段是 1996—2006 年，滇池流域迅速发展，污水排放、工农业发展取水量均增多，整个流域生态环境越发恶化，滇池暴发了多次严重的蓝藻水华，水质再次下降为劣 V 类。因此，1997 年，云南省人民政府制定了《关于滇池流域水污染防治“九五”计划及 2010 年规划》，明确指出了滇池流域水污染防治工作分三个阶段实施的总体安排，对城市的污水处理设施和排水管网以及滇池流域的生态环境进行了部署。1999 年，世界花卉博览会在昆明举办，为迎接世博会，昆明市增设了城市的污水处理设施和排水管网，滇池流域的污染得到了一定的治理与缓解。1996 年，昆明市编制了《昆明市城市总体规划（1996—2010）》，后又于 2002 年编制了《昆明城市总体规划调整（2002—2010）》，在保护城市环境和实现城市可持续发展的前提下，确定了昆明主城为“依山傍水、单核心、轴线型组团型”城市，并在主城东南绕城外侧至滇池保留平均 5 km 宽的永久生态隔离缓冲带。这一阶段主要是工程治滇阶段，治理的手段主要是点源污染控制与治理。

第三阶段 2007—2015 年，滇池流域经济进一步发展，城镇化水平进一步提高，污染负荷产生量持续增长，陆域点源、农村和城市面源、内源污染和水土流失问题严峻。滇池治理进入新阶段，这一阶段主要是系统治滇阶段，治理的区域从湖盆区向全流域综合治理转变，治理的重点从主要注重滇池本身向充分考虑内外有机结合和统一治理转变，治理的时间从注重当前向着眼于长期综合治理和保护转变，治理的内容从注重工程治理向工程治理与生态修复相结合转变，治理的投入机制从政府投入向政府投入与市场运作相结合转变，治理的方式从专项治理向统筹城乡发展、转变发展方式、积极调整经济结构的综合治理转变。这一阶段政府出台实施了很多制度，2008 年制定的《昆明城市总体规划修编（2008—2020）》将改善城市环境作为规划重点，治理滇池的重点由滇池本身向整个流域生态环境系统转变，沿湖规划建设 9 个清淤、打捞蓝藻区和 11 个污水处理厂，滇池湖滨湿地将得到恢复，未来将形成一条环滇池水景旅游度假集聚带。自 2008 年起，昆明市启动了以滇池外海环湖湿地建设工程为核心的滇池湖滨“四退三还一护”（退塘、退田、退房、退人，还林、还湿、还湖，护水）生态工程建设。2011 年,《滇池流域水污染防治规划(2011—2015 年)》发布,共有 100 个项目,总投资 192.68 亿元。2012 年,昆明市正式实施《滇池治理三年行动方案》,将投资 341 亿元,在 2013—2015 年完成 100 个滇池治理项目,突出彻底截污、水体置换、生态工程"三大任务",着力加快滇池治理工程实施进度。2013 年,新制定并执行的《云南省滇池保护条例》,对滇池保护区进行了分级划定保护,明确了各区域管理重点,滇池治理系统性不断增强。

第四阶段是 2016 年至今,这一阶段滇池水质总体好转,确立了"以水定域、量水发展"的原则和"科学治滇、集约治滇、系统治滇"的思路,全力推进"环湖截污、农业农村面源污染治理、生态修复与建设、入湖河道整治、生态清淤、外流域调水及节水"六大工程,2017 年全面深化河长制和推行河道生态补偿机制,成立滇池保护治理三年攻坚指挥部,投入 100 多亿元开展 211 个治理项目。为更加直观地感受政策因素,根据《昆明市统计年鉴》,本书研究整理了 1988 年、1993 年、1998 年、2003 年、2008 年、2013 年和 2018 年 7 个时期的昆明市地方财政收入和地方财政支出,如表 5-24 和图 5-25 所示。

表 5-24　1988—2018 年昆明市财政收入和支出情况

年份	地方财政收入(亿元)	地方财政支出(亿元)
1988 年	18.62	13.07
1993 年	41.75	29.35
1998 年	46.75	50.99
2003 年	62.95	80.7
2008 年	174.99	233.49
2013 年	450.75	585.76
2018 年	595.63	756.8

从表 5-24 和图 5-25 可以看出,1988—2018 年昆明市地方财政收入和地方财政支出一直在增加。综合滇池治理的发展历程,可以发现,滇池流域湿地景观类型与景观格局的变化主要是在政府政策的框架内发生,为进一步探寻景观格局变化趋势与政策变化的关系,采用灰色关联分析来定量分析政策因素对景观格局演变的影响。选取 3 个景观水平指数——多样性指数(*SHDI*)、斑块密度(*PD*)、蔓延度指数(*CONTAG*)与政策因素中的地方财政收入、地方财政支出进行灰色关联分析。

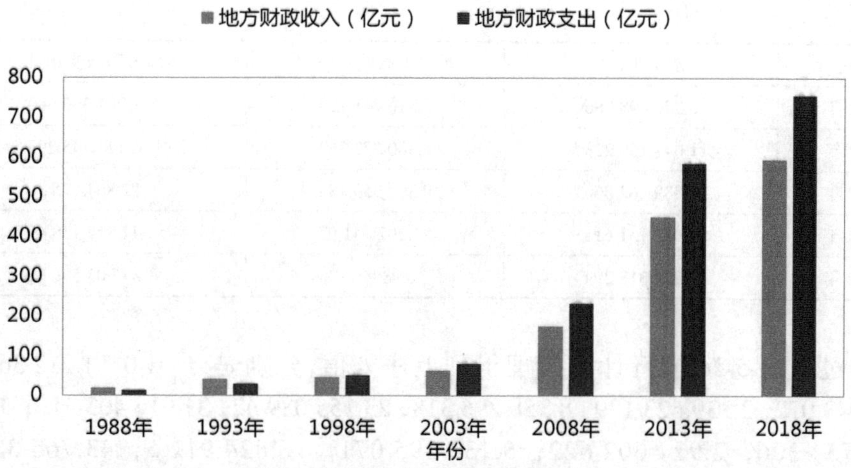

图 5-25　1988—2018 年昆明市财政收入和支出对比图

1. 多样性指数(*SHDI*)与政策因素的灰色关联分析

选取多样性指数(*SHDI*)作为参考序列 x_0，地方财政收入(x_1)和地方财政支出(x_2)作为比较序列，各序列值见表 5-25。采用初值法对表 5-25 进行无量纲化处理，得到表 5-26。

表 5-25　滇池流域湿地 1988—2018 年政策因素及 *SHDI* 指数数据表

年份	*SHDI*(x_0)	地方财政收入(亿元)(x_1)	地方财政支出(亿元)(x_2)
1988 年	1.008 5	18.62	13.07
1993 年	1.038 6	41.75	29.35
1998 年	0.985	46.75	50.99
2003 年	1.05	62.95	80.7
2008 年	1.048 5	174.99	233.49
2013 年	1.061 7	450.75	585.76
2018 年	0.982 6	595.63	756.8

表 5-26　无量纲化处理表

年份	*SHDI*(x_0)	地方财政收入(x_1)	地方财政支出(x_2)
1988 年	1	1	1
1993 年	1.029 846 306	2.242 212 675	2.245 600 612

续表

年份	$SHDI(x_0)$	地方财政收入(x_1)	地方财政支出(x_2)
1998年	0.976 698 066	2.510 741 139	3.901 300 689
2003年	1.041 150 223	3.380 773 362	6.174 445 295
2008年	1.039 662 866	9.397 959 184	17.864 575 36
2013年	1.052 751 611	24.207 841 03	44.817 138 49
2018年	0.974 318 294	31.988 721 8	57.903 596 02

通过对表5-26进行计算处理得到差序列值，分别是Δ_{01}=(0，1.212 366 368，1.534 043 072，2.339 623 139，8.358 296 318，23.155 089 42，31.014 403 51)；Δ_{02}=(0，1.215 754 306，2.924 602 622，5.133 295 071，16.824 912 5，43.764 386 87，56.929 277 73)。两极最大差M=56.929 277 73，两极最小差m=0，分辨率ξ取值为0.5，得到灰色关联系数和灰色关联度，见表5-27。

表5-27　灰色关联系数和灰色关联度

年份	$R[x_0(k),x_1(k)]$	$R[x_0(k),x_2(k)]$
1988年	1	1
1993年	0.959 147 954	0.959 038 47
1998年	0.948 862 984	0.906 827 866
2003年	0.924 048 72	0.847 213 966
2008年	0.773 013 849	0.628 503 441
2013年	0.551 429 459	0.394 088 645
2018年	0.478 565 857	0.333 333 333
灰色关联度$r(x_0,x_i)$	0.805 009 832	0.724 143 674

从以上计算结果可以看出，$r(x_0,x_1)$=0.805 009 832，$r(x_0,x_2)$=0.724 143 674，即$r(x_0, x_1)>r(x_0, x_2)$，这表明地方财政收入与景观多样性指数之间的关系更为紧密，地方财政收入对景观多样性起到的作用更为明显。另外，地方财政收入、地方财政支出和景观多样性指数(*SHDI*)之间的关联度均比较高，都在0.724以上，表明政策因素对景观多样性的变化有很大影响。

2. 斑块密度(*PD*)与政策因素的灰色关联分析

选取斑块密度(*PD*)作为参考序列x_0，地方财政收入(x_1)和地方财政支出(x_2)作为比较序列，各序列值见表5-28。采用初值法对表5-28进行无量纲化处理，得到表

5-29。

表 5-28　滇池流域湿地 1988—2018 年政策因素及 PD 指数数据表

年份	$PD(x_0)$	地方财政收入(亿元)(x_1)	地方财政支出(亿元)(x_2)
1988 年	4.795 8	18.62	13.07
1993 年	6.160 7	41.75	29.35
1998 年	7.306 6	46.75	50.99
2003 年	7.513 9	62.95	80.7
2008 年	7.446 4	174.99	233.49
2013 年	7.043 4	450.75	585.76
2018 年	6.207 3	595.63	756.8

表 5-29　无量纲化处理表

年份	$PD(x_0)$	地方财政收入(x_1)	地方财政支出(x_2)
1988 年	1	1	1
1993 年	1.284 603 194	2.242 212 675	2.245 600 612
1998 年	1.523 541 432	2.510 741 139	3.901 300 689
2003 年	1.566 766 754	3.380 773 362	6.174 445 295
2008 年	1.552 691 939	9.397 959 184	17.864 575 36
2013 年	1.468 660 078	24.207 841 03	44.817 138 49
2018 年	1.294 320 03	31.988 721 8	57.903 596 02

通过对表 5-29 进行计算处理得到差序列值,分别是 Δ_{01}=(0, 0.957 609 48, 0.987 199 706, 1.814 006 608, 7.845 267 245, 22.739 180 95, 30.694 401 77); Δ_{02}=(0, 0.960 997 418, 2.377 759 257, 4.607 678 54, 16.311 883 42, 43.348 478 41, 56.609 275 99)。两极最大差 M=56.609 275 99,两极最小差 m=0,分辨率 ξ 取值为 0.5,得到灰色关联系数和灰色关联度,见表 5-30。

表 5-30　灰色关联系数和灰色关联度

年份	$R[x_0(k),x_1(k)]$	$R[x_0(k),x_2(k)]$
1988 年	1	1
1993 年	0.967 274 917	0.967 162 94

续表

年份	$R[x_0(k),x_1(k)]$	$R[x_0(k),x_2(k)]$
1998 年	0.966 297 789	0.922 504 124
2003 年	0.939 771 307	0.860 001 391
2008 年	0.782 979 59	0.634 398 135
2013 年	0.554 516 464	0.395 023 126
2018 年	0.479 747 435	0.333 333 333
灰色关联度 $r(x_0,x_i)$	0.812 941 072	0.730 346 15

从以上计算结果可以看出，$r(x_0, x_1)$=0.812 941 072，$r(x_0, x_2)$=0.730 346 15，即 $r(x_0,x_1)>r(x_0,x_2)$，这表明地方财政收入与斑块密度（*PD*）之间的关系更为紧密，地方财政收入对斑块密度（*PD*）起到的作用更为明显。另外，地方财政收入、地方财政支出和斑块密度（*PD*）之间的关联度均比较高，都在 0.73 以上，表明政策因素对斑块密度（*PD*）的变化有很大影响。斑块密度（*PD*）可以反映景观的破碎度，这也说明地方财政收入、地方财政支出均对景观破碎度有很大影响，特别是地方财政收入对景观的破碎度影响更大。

3. 蔓延度指数（*CONTAG*）与政策因素的灰色关联分析

选取蔓延度指数（*CONTAG*）作为参考序列 x_0，地方财政收入（x_1）和地方财政支出（x_2）作为比较序列，各序列值见表 5-31。采用初值法对表 5-31 进行无量纲化处理，得到表 5-32。

表 5-31 滇池流域湿地 1988—2018 年政策因素及 *CONTAG* 指数数据表

年份	*CONTAG*(x_0)	地方财政收入（亿元）(x_1)	地方财政支出（亿元）(x_2)
1988 年	66.729 2	18.62	13.07
1993 年	64.844 7	41.75	29.35
1998 年	66.432 2	46.75	50.99
2003 年	64.290 2	62.95	80.7
2008 年	64.501 7	174.99	233.49
2013 年	64.010 4	450.75	585.76
2018 年	66.832 1	595.63	756.8

表 5-32　无量纲化处理表

年份	$CONTAG(x_0)$	地方财政收入(x_1)	地方财政支出(x_2)
1988 年	1	1	1
1993 年	0.971 758 99	2.242 212 675	2.245 600 612
1998 年	0.995 549 175	2.510 741 139	3.901 300 689
2003 年	0.963 449 285	3.380 773 362	6.174 445 295
2008 年	0.966 618 812	9.397 959 184	17.864 575 36
2013 年	0.959 256 218	24.207 841 03	44.817 138 49
2018 年	1.001 542 054	31.988 721 8	57.903 596 02

通过对表 5-32 进行计算处理得到差序列值，分别是 Δ_{01}=(0，1.270 453 684，1.515 191 964，2.417 324 077，8.431 340 372，23.248 584 81，30.987 179 75)；Δ_{02}=(0，1.273 841 622，2.905 751 514，5.210 996 01，16.897 956 55，43.857 882 27，56.902 053 97)。两极最大差 M=56.902 053 97，两极最小差 m=0，分辨率 ξ 取值为 0.5，得到灰色关联系数和灰色关联度，见表 5-33。

表 5-33　灰色关联系数和灰色关联度

年份	$R[x_0(k),x_1(k)]$	$R[x_0(k),x_2(k)]$
1988 年	1	1
1993 年	0.957 254 697	0.957 145 593
1998 年	0.949 436 665	0.907 332 588
2003 年	0.921 689 239	0.845 196 588
2008 年	0.771 399 154	0.627 379 596
2013 年	0.550 314 132	0.393 465 028
2018 年	0.478 665 635	0.333 333 333
灰色关联度 $r(x_0,x_i)$	0.804 108 503	0.723 407 532

从以上计算结果可以看出，$r(x_0,x_1)$=0.804 108 503，$r(x_0,x_2)$=0.723 407 532，即，$r(x_0,x_1)>r(x_0,x_2)$，这表明地方财政收入与蔓延度指数(*CONTAG*)之间的关系更为紧密，地方财政收入对蔓延度指数(*CONTAG*)起到的作用更为明显。另外，地方财政收入、地方财政支出和蔓延度指数(*CONTAG*)之间的关联度均比较高，都在 0.723 以上，表明政策因素对蔓延度指数(*CONTAG*)的变化有很大影响。蔓延度指数(*CONTAG*)可以反映景观的延展趋势和连通性，这也说明地方财政收入、地方财政

支出均对景观连通性有很大影响,特别是地方财政收入对景观的连通性影响更大。

综上分析可知,地方财政收入和景观多样性、斑块密度、蔓延度之间的相关性更强,尤其是地方财政收入和斑块密度之间的相关性最大,灰色关联度达到了0.812 941 072,说明地方财政收入和景观破碎度息息相关。事实上,地方财政收入和多样性指数、蔓延度指数之间的相关性也都在 0.8 以上,说明地方财政收入和景观多样性、景观连通性联系紧密。地财政支出和景观多样性、斑块密度、蔓延度之间的相关性也还可以,灰色关联度均在 0.7 以上,说明政策因素和景观多样性水平、破碎化程度、景观连通性均相关,而且和景观破碎度的相关性要更高一些。

5.2.4 城市建设因素驱动力

景观格局演变与城市建设紧密相连,城市建设直接改变景观的形状。随着经济的快速发展,昆明市各项基础设施不断完善。本书研究根据《昆明市统计年鉴》统计了 1988—2018 年昆明市固定资产投资总额以及基本建设投资额,如表 5-34 和图 5-26 所示。可以看出, 1988—2018 年每隔五年固定资产投资总额和基本建设投资额均有大幅度提升,固定资产投资总额在 1988 年时仅有 217 835 万元,基本建设投资额仅为 71 483 万元,但到 2018 年固定资产投资总额增加到 44 499 288 万元,基本建设投资额增加到 42 010 702 万元,增加幅度不可谓不大。

表 5-34　昆明市 1988—2018 年固定资产投资情况

年份	固定资产投资总额(万元)	基本建设投资额(万元)
1988 年	217 835	71 483
1993 年	699 518	208 663
1998 年	2 260 168	796 251
2003 年	3 616 524	1 358 986
2008 年	10 531 562	7 530 062
2013 年	29 315 032	16 397 972
2018 年	44 499 288	42 010 702

为了更加直观地观察城市建设因素和景观格局演变之间的关联性,采用灰色关联分析来定量分析城市建设因素对景观格局演变的影响。选取 3 个景观水平指数——多样性指数(*SHDI*)、斑块密度(*PD*)、蔓延度指数(*CONTAG*)与城市建设中的固定资产投资总额、基本建设投资额进行灰色关联分析。

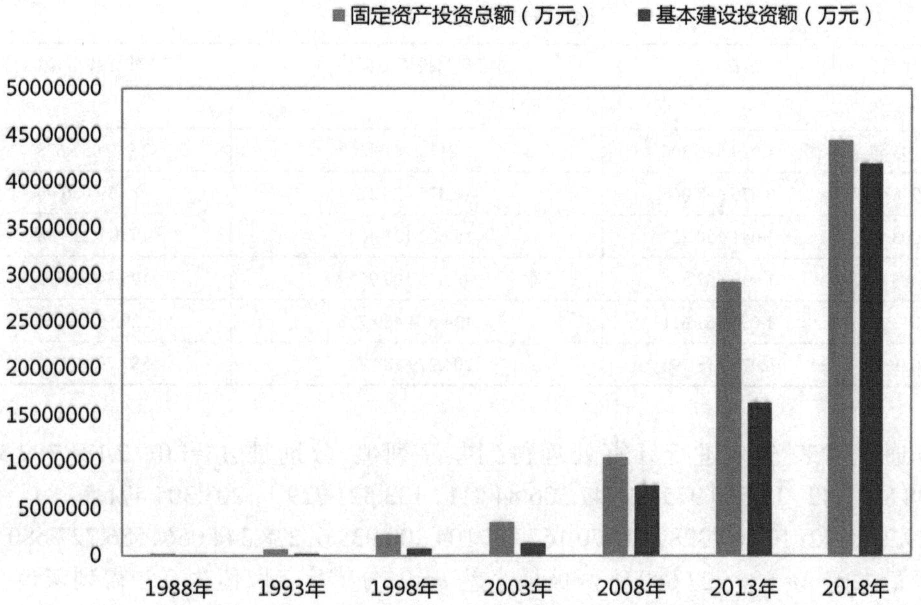

图 5-26　昆明市 1988—2018 年固定资产投资情况对比图

1. 多样性指数(*SHDI*)与城市建设因素的灰色关联分析

选取多样性指数(*SHDI*)作为参考序列 x_0，固定资产投资总额(x_1)和基本建设投资额(x_2)作为比较序列，各序列值见表 5-35。采用初值法对表 5-35 进行无量纲化处理，得到表 5-36。

表 5-35　滇池流域湿地 1988—2018 年城市建设因素及 *SHDI* 指数数据表

年份	*SHDI*(x_0)	固定资产投资总额(万元)(x_1)	基本建设投资额(万元)(x_2)
1988 年	1.008 5	217 835	71 483
1993 年	1.038 6	699 518	208 663
1998 年	0.985	2 260 168	796 251
2003 年	1.05	3 616 524	1 358 986
2008 年	1.048 5	10 531 562	7 530 062
2013 年	1.061 7	29 315 032	16 397 972
2018 年	0.982 6	44 499 288	42 010 702

表 5-36 无量纲化处理表

年份	$SHDI(x_0)$	固定资产投资总额(x_1)	基本建设投资额(x_2)
1988 年	1	1	1
1993 年	1.029 846 306	3.211 228 682	2.919 057 678
1998 年	0.976 698 066	10.375 596 21	11.139 026 06
2003 年	1.041 150 223	16.602 125 46	19.011 317 38
2008 年	1.039 662 866	48.346 509 97	105.340 598 5
2013 年	1.052 751 611	134.574 480 7	229.396 807 6
2018 年	0.974 318 294	204.279 789 7	587.701 999 1

通过对表 5-36 进行计算处理得到差序列值，分别是 Δ_{01}=(0，2.181 382 376，9.398 898 142，15.560 975 24，47.306 847 11，133.521 729 1，203.305 471 5)；Δ_{02}=(0，1.889 211 372，10.162 328，17.970 167 15，104.300 935 6，228.344 056，586.727 680 8)。两极最大差 M=586.727 680 8，两极最小差 m=0，分辨率 ξ 取值为 0.5，得到灰色关联系数和灰色关联度，见表 5-37。

表 5-37 灰色关联系数和灰色关联度

年份	$R[x_0(k),x_1(k)]$	$R[x_0(k),x_2(k)]$
1988 年	1	1
1993 年	0.992 619 125	0.993 601 382
1998 年	0.968 956 226	0.966 519 104
2003 年	0.949 628 601	0.942 280 102
2008 年	0.861 136 139	0.737 716 434
2013 年	0.687 218 921	0.562 314 357
2018 年	0.590 662 305	0.333 333 333
灰色关联度 $r(x_0,x_i)$	0.864 317 331	0.790 823 53

从以上计算结果可以看出，$r(x_0, x_1)$=0.864 317 331，$r(x_0, x_2)$=0.790 823 53，即 $r(x_0, x_1)>r(x_0, x_2)$，这表明固定资产投资总额与景观多样性指数之间的关联性更为紧密，地方财政收入对景观多样性起到的作用更为明显。另外，固定资产投资总额、基本建设投资额和景观多样性指数($SHDI$)之间的关联度都比较高，都在 0.790 8 以上，表明城市建设因素对景观多样性的变化有很大影响。

2. 斑块密度（*PD*）与城市建设因素的灰色关联分析

选取斑块密度（*PD*）作为参考序列 x_0，固定资产投资总额（x_1）和基本建设投资额（x_2）作为比较序列，各序列值见表 5-38。采用初值法对表 5-38 进行无量纲化处理，得到表 5-39。

表 5-38 滇池流域湿地 1988—2018 年城市建设因素及 *PD* 指数数据表

年份	$PD(x_0)$	固定资产投资总额（x_1）	基本建设投资额（x_2）
1988 年	4.795 8	217 835	71 483
1993 年	6.160 7	699 518	208 663
1998 年	7.306 6	2 260 168	796 251
2003 年	7.513 9	3 616 524	1 358 986
2008 年	7.446 4	10 531 562	7 530 062
2013 年	7.043 4	29 315 032	16 397 972
2018 年	6.207 3	44 499 288	42 010 702

表 5-39 无量纲化处理表

年份	$PD(x_0)$	固定资产投资总额（x_1）	基本建设投资额（x_2）
1988 年	1	1	1
1993 年	1.284 603 194	3.211 228 682	2.919 057 678
1998 年	1.523 541 432	10.375 596 21	11.139 026 06
2003 年	1.566 766 754	16.602 125 46	19.011 317 38
2008 年	1.552 691 939	48.346 509 97	105.340 598 5
2013 年	1.468 660 078	134.574 480 7	229.396 807 6
2018 年	1.294 320 03	204.279 789 7	587.701 999 1

通过对表 5-39 进行计算处理得到差序列值，分别是 Δ_{01}=（0，1.926 625 488，8.852 054 776，15.035 358 71，46.793 818 03，133.105 820 6，202.985 469 7）；Δ_{02}=（0，1.634 454 484，9.615 484 63，17.444 550 62，103.787 906 5，227.928 147 6，586.407 679）。两极最大差 M=586.407 679，两极最小差 m=0，分辨率 ξ 取值为 0.5，得到灰色关联系数和灰色关联度，见表 5-40。

表 5-40 灰色关联系数和灰色关联度

年份	$R[x_0(k),x_1(k)]$	$R[x_0(k),x_2(k)]$
1988 年	1	1
1993 年	0.993 471 953	0.994 456 438
1998 年	0.970 693 984	0.968 246 793
2003 年	0.951 221 782	0.943 844 709
2008 年	0.862 370 175	0.738 564 07
2013 年	0.687 771 981	0.562 628 752
2018 年	0.590 911 239	0.333 333 333
灰色关联度 $r(x_0,x_i)$	0.865 205 874	0.791 582 014

从以上计算结果可以看出，$r(x_0,x_1)$=0.865 205 874，$r(x_0,x_2)$=0.791 582 014，即 $r(x_0,x_1)>r(x_0,x_2)$，这表明固定资产投资总额与斑块密度（*PD*）之间的关系更为紧密，固定资产投资总额对斑块密度（*PD*）起到的作用更为明显。另外，固定资产投资总额、基本建设投资额和斑块密度（*PD*）之间的关联度均比较高，都在 0.79 以上，表明城市建设因素对斑块密度（*PD*）的变化有很大影响。斑块密度（*PD*）可以反映景观的破碎度，这也说明固定资产投资总额、基本建设投资额均对景观破碎度有很大影响，特别是固定资产投资总额对景观的破碎度影响更大。

3. 蔓延度指数（*CONTAG*）与城市建设因素的灰色关联分析

选取蔓延度指数（*CONTAG*）作为参考序列 x_0，固定资产投资总额（x_1）和基本建设投资额（x_2）作为比较序列，各序列值见表 5-41。采用初值法对表 5-41 进行无量纲化处理，得到表 5-42。

表 5-41 滇池流域湿地 1988—2018 年城市建设因素及 *CONTAG* 指数数据表

年份	*CONTAG*(x_0)	固定资产投资总额(x_1)	基本建设投资额(x_2)
1988 年	66.729 2	217 835	71 483
1993 年	64.844 7	699 518	208 663
1998 年	66.432 2	2 260 168	796 251
2003 年	64.290 2	3 616 524	1 358 986
2008 年	64.501 7	10 531 562	7 530 062
2013 年	64.010 4	29 315 032	16 397 972
2018 年	66.832 1	44 499 288	42 010 702

表 5-42　无量纲化处理表

年份	$CONTAG(x_0)$	固定资产投资总额(x_1)	基本建设投资额(x_2)
1988 年	1	1	1
1993 年	0.971 758 99	3.211 228 682	2.919 057 678
1998 年	0.995 549 175	10.375 596 21	11.139 026 06
2003 年	0.963 449 285	16.602 125 46	19.011 317 38
2008 年	0.966 618 812	48.346 509 97	105.340 598 5
2013 年	0.959 256 218	134.574 480 7	229.396 807 6
2018 年	1.001 542 054	204.279 789 7	587.701 999 1

通过对表 5-42 进行计算处理得到差序列值，分别是 Δ_{01}=(0，2.239 469 692，9.380 047 033，15.638 676 18，47.379 891 16，133.615 224 5，203.278 247 7)；Δ_{02}=(0，1.947 298 688，10.143 476 89，18.047 868 09，104.373 979 7，228.437 551 4，586.700 457)。两极最大差 M=586.700 457，两极最小差 m=0，分辨率 ξ 取值为 0.5，得到灰色关联系数和灰色关联度，见表 5-43。

表 5-43　灰色关联系数和灰色关联度

年份	$R[x_0(k),x_1(k)]$	$R[x_0(k),x_2(k)]$
1988 年	1	1
1993 年	0.992 423 722	0.993 405 638
1998 年	0.969 015 167	0.966 577 637
2003 年	0.949 387 58	0.942 042 459
2008 年	0.860 945 985	0.737 571 972
2013 年	0.687 058 464	0.562 202 182
2018 年	0.590 683 464	0.333 333 333
灰色关联度 $r(x_0,x_i)$	0.864 216 34	0.790 733 317

从以上计算结果可以看出，$r(x_0, x_1)$=0.864 216 34，$r(x_0, x_2)$=0.790 733 317，即 $r(x_0,x_1)>r(x_0,x_2)$，这表明固定资产投资总额与蔓延度指数（*CONTAG*）之间的关联度更为紧密，固定资产投资总额对蔓延度指数（*CONTAG*）起到的作用更为明显。另外，固定资产投资总额、基本建设投资额和蔓延度指数（*CONTAG*）之间的关联度均比较高，都在 0.790 7 以上，表明城市建设因素对蔓延度指数（*CONTAG*）的变化有很大影响。蔓延度指数（*CONTAG*）可以反映景观的延展趋势和连通性，这也说明固定资产

投资总额、基本建设投资额均对景观连通性有很大影响，特别是固定资产投资总额对景观的连通性影响更大。

综上分析可知，固定资产投资总额和景观多样性、斑块密度、蔓延度之间的相关性更强，尤其是固定资产投资总额和斑块密度之间的相关性最大，灰色关联度达到了0.865 205 874，说明固定资产投资总额和景观破碎度联系更为紧密。事实上，基本建设投资额和多样性指数、蔓延度指数之间的相关性也都在 0.8 以上，说明固定资产投资总额和景观多样性、景观连通性之间联系也比较紧密。基本建设投资额和景观多样性、斑块密度、蔓延度之间的相关性也不低，灰色关联度均在 0.79 以上，说明城市建设因素和景观多样性水平、破碎化程度、景观连通性均相关，而且和景观破碎度的相关性要更高一些。

5.2.5 旅游因素驱动力

城市旅游发展与景观格局演变关系紧密，旅游业在推动区域经济增长的同时，不可避免地会对生态环境产生正面或负面的影响，尤其是对景观格局变化会有较大影响。旅游业的发展会导致旅游设施用地快速扩张，建设用地面积快速增加，耕地、草地及林地资源则会随之减少，还会导致景观斑块数量增加，景观破碎度增大。昆明市是我国重要的旅游城市，改革开放以来，其旅游业发展很快。由《昆明市统计年鉴》可知，在 1992 年以前，昆明市旅游业发展仅统计国际旅游的旅游人数和旅游外汇收入，没有统计国内旅游情况，故本书研究从 1993 年开始汇总关于旅游业的相关数据，所有数据均包括国际旅游和国内旅游，具体如表 5-44、图 5-27 和图 5-28 所示。

表 5-44 昆明市 1993—2018 年旅游业发展情况

年份	旅游人数（万人次）	旅游业总收入（万元）
1993 年	422.71	74 533
1998 年	936.84	779 542
2003 年	1 553.26	1 184 804
2008 年	2 671	1 971 173
2013 年	5 491.37	5 158 887
2018 年	15 925.45	21 800 781

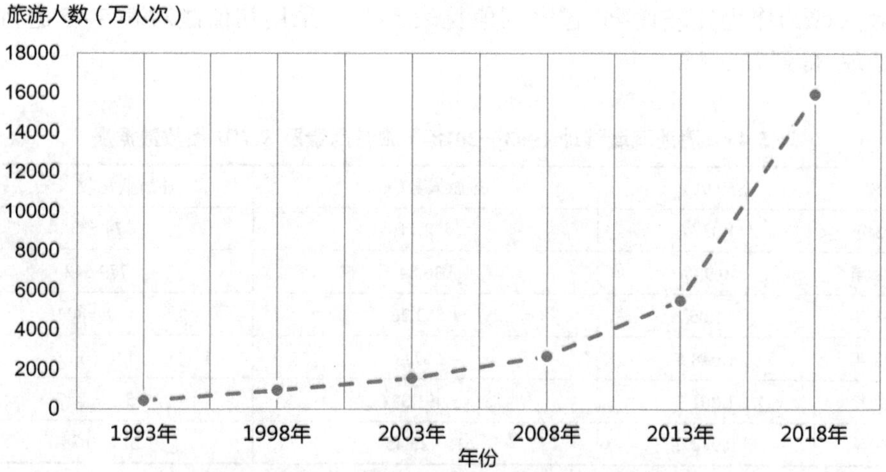

图 5-27　昆明市 1993—2018 年旅游人数曲线图

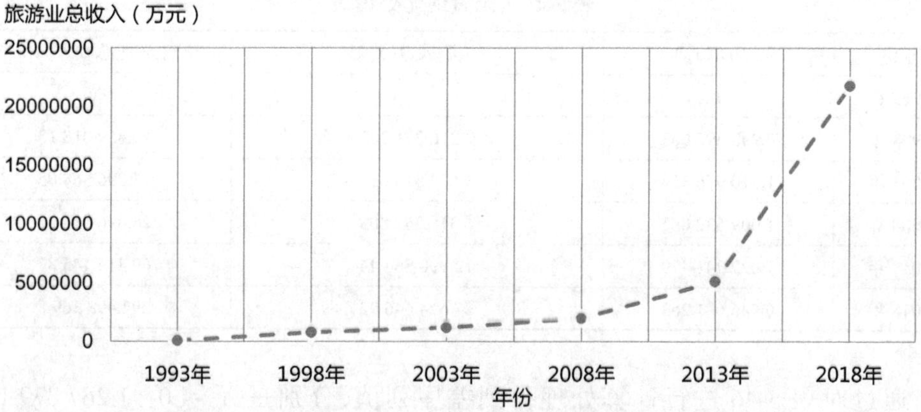

图 5-28　昆明市 1993—2018 年旅游业总收入曲线图

从表 5-44、图 5-27 和图 5-28 可以看出，昆明市旅游人数及旅游业总收入呈增加趋势，尤其是 2013—2018 年旅游业可以说是蓬勃发展，2013 年旅游人数是 5 491.37 万人次，2018 年增加到 15 925.45 万人次，旅游业总收入从 2013 年的 5 158 887 万元飞速上涨到 2018 年的 21 800 781 万元。与前面的驱动因素相关性的分析相同，仍然采用灰色关联分析来研究旅游因素驱动力和景观格局演变之间的关系。

选取 3 个景观水平指数——多样性指数（*SHDI*）、斑块密度（*PD*）、蔓延度指数（*CONTAG*）与旅游因素中的旅游人数、旅游业总收入进行灰色关联分析。

1. 多样性指数（*SHDI*）与旅游因素的灰色关联分析

选取多样性指数（*SHDI*）作为参考序列 x_0，旅游因素中的旅游人数（x_1）、旅游业总收入(x_2)作为比较序列,各序列值见表5-45。采用初值法对表5-45进行无量纲化处理,得到表5-46。

表5-45 滇池流域湿地1993—2018年旅游因素及*SHDI*指数数据表

年份	*SHDI*(x_0)	旅游人数(x_1)	旅游业总收入(x_2)
1993年	1.038 6	422.71	74 533
1998年	0.985	936.84	779 542
2003年	1.05	1 553.26	1 184 804
2008年	1.048 5	2 671	1 971 173
2013年	1.061 7	5 491.37	5 158 887
2018年	0.982 6	15 925.45	21 800 781

表5-46 无量纲化处理表

年份	*SHDI*(x_0)	旅游人数(x_1)	旅游业总收入(x_2)
1993年	1	1	1
1998年	0.948 392 066	2.216 271 202	10.459 018 15
2003年	1.010 976 314	3.674 528 637	15.896 368 05
2008年	1.009 532 062	6.318 752 809	26.446 983 22
2013年	1.022 241 479	12.990 868 44	69.216 145 87
2018年	0.946 081 263	37.674 646 92	292.498 369 8

通过对表5-46进行计算处理得到差序列值,分别是Δ_{01}=(0, 1.267 879 136, 2.663 552 322, 5.309 220 747, 11.968 626 97, 36.728 565 66);Δ_{02}=(0, 9.510 626 087, 14.885 391 74, 25.437 451 15, 68.193 904 39, 291.552 288 6)。两极最大差M=291.552 288 6,两极最小差m=0,分辨率ξ取值为0.5,得到灰色关联系数和灰色关联度,见表5-47。

表5-47 灰色关联系数和灰色关联度

年份	$R[x_0(k),x_1(k)]$	$R[x_0(k),x_2(k)]$
1993年	1	1
1998年	0.991 377 554	0.938 754 434

续表

年份	$R[x_0(k),x_1(k)]$	$R[x_0(k),x_2(k)]$
2003 年	0.982 056 334	0.907 349 375
2008 年	0.964 859 464	0.851 428 556
2013 年	0.924 126 633	0.681 292 289
2018 年	0.798 752 779	0.333 333 333
灰色关联度 $r(x_0,x_i)$	0.943 528 794	0.785 359 665

从以上计算结果可以看出，$r(x_0,x_1)$=0.943 528 794，$r(x_0,x_2)$=0.785 359 665，即 $r(x_0, x_1)>r(x_0, x_2)$，旅游人数与景观多样性指数之间的关联度达到 0.943 528 794，关联性很高，旅游人数对景观多样性起到的作用更为明显。另外，旅游业总收入和景观多样性指数（*SHDI*）之间的关联度也在 0.78 以上，关联度也比较高，表明旅游因素对景观多样性的变化有很大影响。

2. 斑块密度（*PD*）与旅游因素的灰色关联分析

选取斑块密度（*PD*）作为参考序列 x_0，固旅游因素中的旅游人数（x_1）、旅游业总收入（x_2）作为比较序列，各序列值见表 5-48。采用初值法对表 5-48 进行无量纲化处理，得到表 5-49。

表 5-48　滇池流域湿地 1993—2018 年旅游因素及 *PD* 指数数据表

年份	$PD(x_0)$	旅游人数(x_1)	旅游业总收入(x_2)
1993 年	6.160 7	422.71	74 533
1998 年	7.306 6	936.84	779 542
2003 年	7.513 9	1 553.26	1 184 804
2008 年	7.446 4	2 671	1 971 173
2013 年	7.043 4	5 491.37	5 158 887
2018 年	6.207 3	15 925.45	21 800 781

表 5-49　无量纲化处理表

年份	$PD(x_0)$	旅游人数(x_1)	旅游业总收入(x_2)
1993 年	1	1	1
1998 年	1.186 001 591	2.216 271 202	10.459 018 15
2003 年	1.219 650 364	3.674 528 637	15.896 368 05

续表

年份	$PD(x_0)$	旅游人数(x_1)	旅游业总收入(x_2)
2008 年	1.208 693 817	6.318 752 809	26.446 983 22
2013 年	1.143 279 173	12.990 868 44	69.216 145 87
2018 年	1.007 564 076	37.674 646 92	292.498 369 8

通过对表 5-49 进行计算处理得到差序列值,分别是 Δ_{01}=(0, 1.030 269 612, 2.454 878 272, 5.110 058 992, 11.847 589 27, 36.667 082 85);Δ_{02}=(0, 9.273 016 562, 14.676 717 69, 25.238 289 4, 68.072 866 7, 291.490 805 8)。两极最大差 M=291.490 805 8,两极最小差 m=0,分辨率 ξ 取值为 0.5,得到灰色关联系数和灰色关联度,见表 5-50。

表 5-50 灰色关联系数和灰色关联度

年份	$R[x_0(k),x_1(k)]$	$R[x_0(k),x_2(k)]$
1993 年	1	1
1998 年	0.992 980 651	0.940 181 195
2003 年	0.983 435 401	0.908 511 883
2008 年	0.966 126 125	0.852 393 588
2013 年	0.924 821 598	0.681 632 132
2018 年	0.798 988 086	0.333 333 333
灰色关联度 $r(x_0,x_i)$	0.944 391 977	0.786 008 689

从以上计算结果可以看出,$r(x_0,x_1)$=0.944 391 977,$r(x_0,x_2)$=0.786 008 689,即 $r(x_0,x_1)>r(x_0,x_2)$,这表明旅游人数与斑块密度(PD)之间的关系更为紧密,旅游人数对斑块密度(PD)起到的作用更为明显。另外,旅游人数、旅游业总收入和斑块密度(PD)之间的关联度均比较高,都在 0.786 以上,表明旅游因素对斑块密度(PD)的变化有很大影响,尤其是旅游人数和斑块密度之间的关联度在 0.944 以上,关联度很高。斑块密度(PD)可以反映景观的破碎度,这也说明旅游人数、旅游业总收入均对景观破碎度有很大影响,特别是旅游人数对景观的破碎度影响更大。

3. 蔓延度指数(*CONTAG*)与旅游因素的灰色关联分析

选取蔓延度指数(*CONTAG*)作为参考序列 x_0,旅游因素中的旅游人数(x_1)和旅游业总收入(x_2)作为比较序列,各序列值见表 5-51。采用初值法对表 5-51 进行无量纲化处理,得到表 5-52。

表 5-51　滇池流域湿地 1993-2018 年旅游人数因素及 *CONTAG* 指数数据表

年份	$CONTAG(x_0)$	旅游人数(x_1)	旅游业总收入(x_2)
1993 年	64.844 7	422.71	74 533
1998 年	66.432 2	936.84	779 542
2003 年	64.290 2	1 553.26	1 184 804
2008 年	64.501 7	2 671	1 971 173
2013 年	64.010 4	5 491.37	5 158 887
2018 年	66.832 1	15 925.45	21 800 781

表 5-52　无量纲化处理表

年份	$CONTAG(x_0)$	旅游人数(x_1)	旅游业总收入(x_2)
1993 年	1	1	1
1998 年	1.024 481 569	2.216 271 202	10.459 018 15
2003 年	0.991 448 8	3.674 528 637	15.896 368 05
2008 年	0.994 710 439	6.318 752 809	26.446 983 22
2013 年	0.987 133 875	12.990 868 44	69.216 145 87
2018 年	1.030 648 611	37.674 646 92	292.498 369 8

通过对表 5-52 进行计算处理得到差序列值，分别是 $\varDelta_{01}$=(0，1.191 789 633，2.683 079 837，2.683 079 837，12.003 734 57，36.643 998 31)；$\varDelta_{02}$=(0，9.434 536 584，14.904 919 25，25.452 272 78，68.229 011 99，291.467 721 2)。两极最大差 M=291.467 721 2，两极最小差 m=0，分辨率 ξ 取值为 0.5，得到灰色关联系数和灰色关联度，见表 5-53。

表 5-53　灰色关联系数和灰色关联度

年份	$R[x_0(k),x_1(k)]$	$R[x_0(k),x_2(k)]$
1993 年	1	1
1998 年	0.991 888 485	0.939 198 079
2003 年	0.981 922 011	0.907 214 688
2008 年	0.964 754 956	0.851 318 14
2013 年	0.923 900 611	0.681 117 517
2018 年	0.799 076 497	0.333 333 333

续表

年份	$R[x_0(k),x_1(k)]$	$R[x_0(k),x_2(k)]$
灰色关联度 $r(x_0,x_i)$	0.943 590 427	0.785 363 626

从以上计算结果可以看出，$r(x_0,x_1)$=0.943 590 427，$r(x_0,x_2)$=0.785 363 626，即 $r(x_0, x_1)>r(x_0, x_2)$，这表明旅游人数与蔓延度指数(*CONTAG*)之间的关联度更高，旅游人数对蔓延度指数(*CONTAG*)起到的作用更为明显。另外，旅游业总收入和蔓延度指数(*CONTAG*)之间的关联度也比较高，在0.785以上，表明旅游因素对蔓延度指数(*CONTAG*)的变化有很大影响。蔓延度指数(*CONTAG*)可以反映景观的延展趋势和连通性，这也说明旅游人数、旅游业总收入均对景观连通性有较大影响，特别是旅游人数对景观的连通性影响更大。

综上分析可知，旅游人数和景观多样性、斑块密度、蔓延度之间的相关性更强，尤其是旅游人数和斑块密度之间的相关性最大，灰色关联度达到0.944 391 977，说明旅游人数和景观破碎度联系更为紧密。事实上，旅游人数和多样性指数、蔓延度指数之间的相关性也都在0.943以上，说明旅游人数和景观多样性、景观连通性之间联系也比较紧密。旅游业总收入和景观多样性、斑块密度、蔓延度之间的相关性也不低，灰色关联度均在0.785以上。因此，旅游因素和景观多样性水平、破碎化程度、景观连通性均相关，而且和景观破碎度的相关性要更高一些。

5.3 本章小结

本章主要对研究区景观格局演变驱动力进行探讨，根据对自然因素驱动力、人为因素驱动力的分析可知，景观格局变化不仅和自然因素有关，也和人为因素有关。如果说自然因素驱动力是导致景观格局变化的内在驱动力，那么人为因素就是导致景观格局变化的外在驱动力，内外驱动力共同作用造成了现在的景观格局。

从自然因素驱动力来看，气候对不同景观类型均有影响，旱灾和低温霜冻灾害一般对林地、耕地面积有较大影响，洪涝灾害除对林地、耕地有较大影响外，对建设用地的影响也不小。滇池流域湿地各景观类型在不同高程地区发展均不一样，当高程为1 760~1 877 m时，水体面积占据绝对的优势，水体景观主要分布在这个高程范围内，这和滇池的形成有关，滇池是受第三纪喜马拉雅山地壳运动的影响而构成的高原石灰岩断层陷落湖；当高程为1 877~1 927 m时，优势景观类型为林地和建设用地，随高程增高，水体面积越来越少，小到可以忽略不计；当高程为1 927~2 023 m时，优势景观为建设用地；当高程为2 023~2 204 m和2 204~2 477 m时，林地景观为优势景观，其他景观类型面积均较小；除林地外，高程对其他景观类型分布均有限制。不同坡度对滇池流域湿地景观分布也有较大影响，水体景观在平坡时分布最多，其他坡度分布都不多；林地景观在各级坡度上均有分布，而且坡度越高，林地景观优势度越明显；建设用地景观、其他用地景观均在缓坡时分布最多；草地景观和耕地景观则在平坡和缓坡时分布较多。

从人文因素驱动力来看，人口因素、经济因素、政策因素、城市建设因素、旅游因素均与景观格局演变相关。其中，人口因素中的常住人口、人口密度和景观多样性指数、斑块密度、蔓延度指数的灰色关联度均在 0.6 以上，说明人口因素和景观多样性水平、破碎化程度以及景观连通性均相关；经济因素中的国内生产总值（*GDP*）、人均 *GDP* 和景观多样性、斑块密度、蔓延度之间的相关性很强，灰色关联度均在 0.7 以上，尤其是人均 *GDP* 和景观多样性、斑块密度、蔓延度之间的相关性在 0.8 以上，关联度很好；政策因素中的地方财政收入、地财政支出和景观多样性、斑块密度、蔓延度之间的灰色关联度均在 0.7 以上，关联紧密，特别是地方财政收入和景观多样性、斑块密度、蔓延度之间的灰色关联度达到 0.8 以上，关联更为紧密；城市建设因素中的固定资产投资总额、基本建设投资额和景观多样性、斑块密度、蔓延度之间的相关性很好，灰色关联度均在 0.79 以上，尤其是固定资产投资总额和景观多样性、斑块密度、蔓延度之间的相关性在 0.864 以上，关联度很高；旅游因素中的旅游人数、旅游业总收入和景观多样性、斑块密度、蔓延度之间的相关性很好，尤其是旅游人数和景观多样性、斑块密度、蔓延度之间的灰色关联度达到 0.9 以上，属于高度相关，而旅游业总收入和景观多样性、斑块密度、蔓延度之间的相关性在 0.78 以上，关联度均不错。对比人口因素、经济因素、政策因素、城市建设因素、旅游因素和景观多样性水平、破碎化程度、景观连通性的相关性，经济因素中的人均 *GDP*、政策因素中的地方财政支出、城市建设因素中的固定资产投资总额、旅游因素中的旅游人数和景观格局演变联系更为紧密。

第 6 章　滇池流域湿地景观格局优化策略

景观格局优化是基于生态安全和景观风险研究提出的，优化的目标是通过对斑块的特征、结构以及空间分布格局的调整，促进景观各组分之间达到和谐、有序的关系，提高景观格局的稳定性，以改善受威胁的景观生态功能，实现区域可持续发展。通过对滇池流域湿地 1988—2018 年景观格局变化研究可知，30 年来滇池流域湿地景观发生了很大的变化，也存在一些问题，本书研究在参考其他学者提出的优化策略的基础上，按照景观格局优化要遵循的生态优先原则、局部与整体结合原则、异质性与多样性原则、生态美学原则、针对性原则，提出滇池流域湿地景观格局优化策略。

6.1　整合景观斑块，促进景观多样

1. 协调林地种植面积，降低林地景观破碎度

根据本书第 4 章研究可知，1988—2018 年林地面积持续减小，破碎度增加，要对林地景观进行优化。首先，要严禁在滇池一、二级保护区内进行工程建设。如长腰山片区滇池一、二级保护区内原来被过度开发，现已拆除 15.82 万平方米建筑物，对于滇池二级保护区限建区已批未建的 112 亩 390 栋建筑物，全部取消建设并进行复绿，累积复绿面积 2 205.8 亩，种植植被约 43.24 万株。其次，根据昆明市气候特点，遵循“适地适树”“选树适地”的原则，选择适合的树种修复林地景观，如常绿与落叶、速生与慢生、乡土与引进树种相结合；要体现地方特色、发展特色，如在昆明市教场中路的蓝花楹大道共种植 250 棵蓝花楹，每到春末夏初，蓝紫色的花朵如梦如幻，绵延成一条长约 2 km 的浪漫花街。丰富绿化树种，不仅可以提高生态系统的稳定性，还可以增强生态系统恢复能力。再次，要注意对石漠化地区的修复，西山上有部分地方石漠化比较严重，出现了裸岩。因此，要保护原有的林地景观，杜绝任何乱砍滥伐现象，加强对石漠化区域的环境保护，采取封山育林、植树种草等手段治理石漠化地区。最后，从坡度因素驱动力分析可知，林地景观在陡坡、急坡、险坡中均有分布，在暴雨季节容易出现滑坡，对林地景观有很大的破坏作用，针对这种情况，要适当设置截流沟，自上而下引导雨水排放到河流沟渠中，以保护和改善林地景观生态环境。

2. 增强景观连接度，提高景观质量

滇池流域湿地景观连通性不强，针对存在的问题，滇池流域湿地景观格局优化可综合利用湿地生境恢复技术、生物修复技术等多种手段修复破碎景观，增强景观连接

度，提高景观质量。具体可通过维持关键斑块、整合周边小斑块等方式进行，即通过选择空间上连续、核心面积较大的斑块作为关键斑块，整合周边小面积斑块，增加斑块聚集度，提升优势度，提高景观质量。此外，综合利用 3S 技术、信息技术、网络技术等手段，定时监控滇池流域湿地景观格局的动态变化，建立格局变化预测与预警机制，及时把握调控景观变化。

3. 合理布局建设用地，注意人文景观保护

从前面分析可知，1988—2018 年建设用地景观斑块类型面积增加，斑块形状比较杂乱，破碎度增加。要优化建设用地景观，一方面要合理规划布局建设用地，将不同景观搭配在建设用地景观中，增加植被丰度；另一方面要注意保护原有的特色文化建筑，开发建设用地的文化价值。例如，在昆明市绿道建设项目（外海段）一期工程范围内就涉及 4 处历史文化遗产，即历史文化村落五龙村、海晏村，全国重点文物保护单位河伯所遗址，市级文化保护单位石牌赵氏宅院。尤其是海晏村是昆明最后一个古渔村，海晏村作为环滇池流域历史文化进程的一个节点、明清时期的重要贸易码头、以古渡口发展而来的滨水鱼骨状街巷格局，是滇池流域内遗存较少的村落格局，也是现存少有紧邻滇池且有悠久历史文化内涵的传统村落，历史文化保护价值极高，在“城边村”与“历史村”的双重身份下，海晏村的振兴不仅需要“活化策略”，也需要“保护策略”，活化乡村中的固有资源与原生产业，保护村落中独特的传统民居与街巷空间，“保护+活化”的整体策略才能打造“一村一品”的特色村落。

6.2　加快景观格局绿道建设

绿道（greenway）概念起源于 20 世纪 70 年代，是一种与景观交叉的人为开发的走廊，作为生态绿色廊道，绿道有助于提高斑块之间的连接度，其在自然系统中既可以为野生动物提供迁徙的通道，也可以为居民提供休闲的场所。从宏观意义上来说，其为低碳生活方式提供载体的活动空间；从微观意义上来说，其是满足人们娱乐、运动和休闲等功能的慢行道路系统。绿道的使用对象主要是人和非机动车，目前我国绿道类型主要有区域绿道、城市绿道和社区绿道，绿道主要的社会意义有：保护城乡生态环境，建设生态宜居低碳家园；带动城乡观光旅游、运动健身等休闲产业；提升城市慢行交通质量，使城市交通体系更趋完善。建立绿道是景观生态规划的重要方法，是解决当前人类活动造成的景观破碎化以及随之而来的众多环境问题的重要举措。

目前，滇池绿道建设开展得如火如荼。滇池绿道规划总长度约为 137 km，离湖岸线约 250 m，按 25 m 总体宽度建设，主要承担“环湖生态屏障、城市山水景廊、文化旅游长廊”三大功能定位，体现“大生态、大文化、大景区、大旅游”的特点，以“全国一流、全省一流”的标准进行规划建设，项目于 2021 年下半年启动，2022 年 4 月 30 日长约37 km的滇池绿道环草海段和海埂公园至三个半岛段率先实现基本贯通，即将启动的滇池绿道外海段起于宝象河，沿顺时针方向止于西山龙门，总长约100 km，标准宽度25 m（含绿道主游径和生态过渡带），主要建设内容包括约100 km绿道主游道、绿道两侧生态过渡带、绿道支撑服务系统、先行协同示范区（包括呈贡江尾村示范区和晋宁大湾山示范区）。滇池绿道通过先行实施“以道守界”功能，充分发挥项目线性特征，将滇池沿线不同的生态美景、人文特色、城市风光等串点成面，按照“系统治理、综合治理”理念，协同“水环境治理、乡村振兴、文旅融合、生物多样性保护”四大系统保护目标，全面推进环湖区域整体环境提升，形成环滇池湖滨生态廊道，突出“大湿地、大生态、大景区”的特点。

从滇池流域绿道规划可以看出，滇池流域绿道以河流绿道为主，为区域绿道。事实上，除构建河流绿道外，还可以构建城市绿道和社区绿道。根据2016年住建部颁布的《绿道规划设计导则》，可以将城市绿道主要布置在呈贡区，绿廊控制宽度不小于35 m，以目前已有的滇池流域绿道为骨架，慢行道宽度不小于6.5 m，可作为自行车赛道；社区绿道可以主要布置在主城区，根据各个社区特点，打造特色鲜明、开放共享的环社区型绿道。

6.3 加强生态管控，增强生态意识

滇池流域湿地景观格局优化和可持续发展，首先需要科学理念和科学规划方案的指导。将湿地保护意识充分融入滇池流域湿地发展的方方面面，努力实现生态、经济与社会的协调发展。根据滇池周边湿地的特点，整合有限资源，科学合理划分景区。如可以按照功能差异将不同的滇池湿地公园划分为湿地景观保护区、休闲游览区、生态恢复区、科普服务区等。湿地景观保护区内，必须严格保护湿地资源和动植物多样性，严格控制土地用途，不得构建与湿地保护无关的设施。

针对滇池流域相关规划，包括土地利用总体规划、城市规划、流域保护规划等，通过社会公众的广泛参与，为政府的科学决策提供建议。公众参与决策有利于发挥公众的专业知识和创造性，提高决策质量，维护规划的可信度和合法性。公众参与主体包括所有的利益相关者，即土地管理部门、环保部门及其他政府部门、农民、城市居民、土地开发商、科研机构等。发挥公众强大的监督力量，开展滇池流域大面积建设用地利用公示和听证制度，确保公众的知情权、参与权和监督权，充分发挥土地利用及保护生态环境、保护网络监督和舆论功能。

第7章　结论与讨论

7.1　研究结论

1988—2018年,受人类活动的干扰,滇池流域湿地景观空间发生了重大的变化,本书针对滇池周边湿地30年的景观格局变化,以景观生态学理论为指导,利用1988年、1993年、1998年、2003年、2008年、2013年和2018年七期遥感图像作为基础数据,结合遥感技术和地理信息技术,运用空间分析方法、景观指数分析法和对比分析法,对滇池周边湿地景观格局的变化进行了分析研究,主要结论如下。

(1)分析滇池流域湿地面积变化情况,结果表明1988—2018年滇池流域湿地景观中水体面积最多,为优势景观,建设用地、水体、草地面积整体呈现增加趋势,林地、耕地、其他用地面积整体呈现下降趋势,从景观类型动态度变化来看,草地面积变化情况是最大的。

(2)根据滇池流域湿地景观格局分布特征可以看出,水体景观优势度与聚集度最高,破碎度低,斑块形状较为简单,受人类活动的干扰程度较高,与其他景观相邻概率减小;林地景观在滇池流域湿地中的优势度不断降低,破碎化趋势明显,斑块呈分散化发展,空间聚集度降低,和其他类型景观相邻概率增大,受人类活动影响越来越强;阜地景观在滇池流域湿地中的优势度不断上升,破碎度呈增加趋势,空间聚集度增加,和其他类型景观相邻概率增大,受人类活动影响逐渐增强;耕地景观优势度、破碎度、聚集度均降低,耕地景观形状趋于简单化,受人类活动影响增强,和其他类型景观相邻概率降低;建设用地景观优势度有所增加,破碎度趋于缓和,空间分布略有聚集,和其他类型景观相邻概率增大,受人类活动影响逐渐增强;其他用地景观斑块优势度降低、破碎度减小,斑块更加离散,和其他类型景观相邻概率增大,受人类活动影响逐渐增强。从景观水平来看,滇池流域湿地整体景观破碎化呈增加趋势,景观离散度整体变大,形状趋于复杂,人为干扰程度较高,*SHDI*值整体下降,景观多样性呈现降低趋势。

(3)滇池流域湿地景观格局驱动力分析表明,景观类型分布受高程影响,不同高程下有不同的优势景观,当高程为1 760~1 877 m时,水体景观占据绝对的优势,当高程为1 877~1 927 m时,林地和建设用地为优势景观,当高程为1 927~2 023 m时,建设用地为优势景观,当高程为2 023~2 204 m和2 204~2 477 m时,林地景观为优势景观,除林地外,高程对其他景观类型分布均有限制。景观类型分布除受高程影响外,也受坡度影响。水体景观主要分布在平坡上,林地景观在各级坡度上均有分布,草地景观和耕地景观主要分布在平坡和缓坡上,建设用地景观、其他用地景观主要分布在缓坡上。人口因素、经济因素、政策因素、城市建设因素、旅游因素均和景观格局演变相关。从选取的指标来看,旅游因素中的旅游人数和景观多样性水平、破碎化程度、景观连通性的相关性更高。

(4)根据前面研究可知,滇池流域湿地景观多样性呈下降趋势,景观连通性不强,破碎度增加,这些因素造成滇池流域湿地景观生态安全稳定性呈下降趋势。因此,提出景观格局优化对策:一是协调林地种植面积,降低林地景观破碎度;二是增强景观连接度,提高景观质量;三是合理布局建设用地,注意人文景观保护;四是加快景观格局绿道建设;五是加强生态管控,增强生态意识。

7.2 不足和后续研究

(1)本书研究在遥感解译过程中,数据采用 30 m×30 m 遥感图像,由于分辨率不高的原因,可能会出现漏分现象。在今后研究中,可通过分辨率更高的图像进行基础数据分析。

(2)本书研究中虽然对景观格局演变驱动力的因素做了分析,但是分析得不细致,后续研究可以选择更多的驱动因子,增加主成分分析以及未来预测,深入进行景观格局变化驱动机制及其预警的研究,提高分析的科学性和实用性。

(3)对景观格局优化策略的分析可以更加深化,如增加有无绿道的对比分析以及生态分区具体规划。

参考文献

[1] 刘红玉，李玉凤，曹晓，等. 我国湿地景观研究现状、存在的问题与发展方向[J]. 地理学报，2009，64(11)：1394-1401.

[2] 刘大钊. 安徽安庆菜子湖国家湿地公园景观格局变化对鸟类多样性的影响[D]. 合肥：安徽大学，2018.

[3] 李晓文，胡远满，肖笃宁. 景观生态学与生物多样性保护[J]. 生态学报，1999，19(3)：111-119.

[4] 傅伯杰. 景观多样性分析及其制图研究[J]. 生态学报，1995，15(4)：345-350.

[5] 余新晓，牛健植，关文彬，等. 景观生态学[M]. 北京：高等教育出版社，2006.

[6] 徐建华，岳文泽，谈文琦. 城市景观格局尺度效应的空间统计规律：以上海中心城区为例[J]. 地理学报，2004，59(6)：1058-1067.

[7] 王伯荪，彭少麟，郭冻，等. 海南岛热带森林景观类型多样性[J]. 生态学报，2007，27(5)：1690-1695.

[8] 马春，鞠美庭，李洪远，等. 天津地区土地生态系统多样性演变与驱动力分析[J]. 南开大学学报(自然科学版)，2011，44(1)：66-70，77.

[9] 李史干. 广西红水河流域景观格局演变及其驱动机制研究[D]. 南宁：广西师范学院，2018.

[10] 金杰. 滇池流域土地利用变化的生态环境效应及其约束下的优化配置研究[D]. 昆明：昆明理工大学，2018.

[11] 关瑞华. 基于3S达里诺尔国家级自然保护区景观格局演变及监控技术的研究[D]. 呼和浩特：内蒙古农业大学，2011.

[12] 韩杏杏. 基于长时序光学遥感数据的鄱阳湖湿地景观格局时空动态研究[D]. 武汉：武汉大学，2017.

[13] 梁旻轩. 莫莫格湿地景观动态变化及其驱动力分析[D]. 南昌：江西师范大学，2020.

[14] 高祖桥，白永平，周亮，等. 宁夏沿黄城市带湿地景观格局演变特征及驱动力[J]. 应用生态学报，2020，30(10)：3499-3508.

[15] 丁鹏凯，李国庆，王晶，等. 人类活动对若尔盖湿地景观格局的影响[J]. 人民黄河，2016(38)：58-63.

[16] 杨利. 三峡工程对洞庭湖区湿地景观格局及生态健康的影响研究[D]. 长沙：湖

南师范大学,2013.
[17] 谭志强,许秀丽,李云良,等. 长江中游大型通江湖泊湿地景观格局演变特征[J]. 长江流域资源与环境,2017(26):1619-1629.
[18] 张明明,张黎俊,粟海军,等. 草海国家级自然保护区景观格局变化与景观发展强度研究[J]. 生态与农村环境学报,2019,35(3):300-306.
[19] 许吉仁,董霁红.1987—2010 年南四湖湿地景观格局变化及其驱动力研究[J]. 湿地科学,2013,11(4):438-445.
[20] 郭泺. 民族地区生态规划:生态规划原理与方法[M]. 北京:中国环境科学出版社,2009:86-87.
[21] 邬建国. 景观生态学:格局、过程、尺度与等级[M].2 版. 北京:高等教育出版社,2007:17-19,106.
[22] 肖笃宁. 景观生态学:理论、方法及应用[M]. 北京:中国林业出版社,1991:6.
[23] 曾向阳,陈勇,苗作华,等. 土地整治规划设计[M]. 北京:冶金工业出版社,2019:37-38.
[24] 邬建国. 景观生态学:概念与理论[J]. 生态学杂志,2000,19(1):42-52.
[25] 陈利顶,刘洋,吕一河,等. 景观生态学中的格局分析:现状、困境与未来[J]. 生态学报,2008(11):5521-5531.
[26] 刘勇. 大九湖国家湿地公园景观格局变化研究[D]. 长沙:湖南师范大学,2021.
[27] 赵哈林,刘任涛,周瑞莲. 科尔沁沙地土地利用变化对大型土壤节肢动物群落影响[J]. 土壤学报,2013,50(2):413-418.
[28] STEPHENNE N, LAMBIN F. A dynamic simulation model of land-use changes in Sudano-Sahelian Countries of Africa(SALU)[J].Agriculture ecosystemsand environment,2001,85(1/2/3):145-161.
[29] 杨树文,董玉森,詹云军,等. 遥感数字图像处理与分析: ENVI5.x 实验教程[M]. 北京:电子工业出版社,2018.
[30] 朱文泉,林文彭. 遥感数字图像处理:实践与操作[M]. 北京:高等教育出版社,2016.
[31] 邓书斌.ENVI 遥感图像处理方法[M]. 北京:高等教育出版社,2014.
[32] 李春晖,郑小康,牛少凤,等. 城市湿地保护与修复研究进展[J]. 地理科学进展,2009,28(2):271-279.
[33] 谢云. 人类活动对滇池小流域生态环境影响机制研究[D]. 南京:南京师范大学,2017.
[34] 赵锐锋,陈亚宁,李卫红,等,塔里木河干流区土地覆被变化与景观格局分析[J]. 地理学报,2009,64(1):95-106.

[35] 邓清,欧朝蓉,邓志华,等. 勐海县景观格局变化及驱动因素分析[J]. 西南林业大学学报(自然科学),2019,39(5):118-126.

[36] 马克明,傅伯杰,周华峰. 景观多样性测度:格局多样性的亲和度分析[J]. 生态学报,1998,18(1):76-81.

[37] 肖笃宁,钟林生. 景观分类与评价的生态原则[J]. 应用生态学报, 1998, 9(2):217-221.

[38] 李振鹏,刘黎明,张虹波,等. 景观生态分类的研究现状及其发展趋势[J]. 生态学杂志,2004,23(A):150-156.

[39] BASTIAN O. Landscape classification in Saxony Land-scape[J]. Urban plan, 2000,50:145-155.

[40] 李新琪,金海龙. 基于 CBERS-2 遥感数据的艾比湖流域景观生态分类系统[J]. 干旱区地理,2007,30(5):736-741.

[41] 张高生,王仁卿. 现代黄河三角洲生态环境的动态监测[J]. 中国环境科学,2008,28(4):380-384.

[42] 陈圣宾,蒋高明,高吉喜,等. 生物多样性监测指标体系构建研究进展[J]. 生态学报,2008,28(10):5123-5132.

[43] SCHINDLER S, POIRAZIDIS K, WRBKA T. Towards a core set of landscape metrics for biodiversity assessments: a case study from Dadia National Park, Greece[J].Ecological indictors,2008,8(5):502-514.

[44] 王仰麟. 景观生态分类的理论方法[J]. 应用生态学报,1996,7(S1):121-126.

[45] WALLACE J F, CACCETTA P A, KIIVERI H T. Recent developments in analysis of spatial and temporal data for landscape qualities and monitoring[J]. Anstral ecology, 2004,29(1):100-107.

[46] 刘小岚,王文杰,李甜甜,等. 汶川地震前后龙溪—虹口自然保护区景观多样性的遥感评估[J]. 地球信息科学学报,2011,13(2):281-288.

[47] RIITTERS K H, O'NEILL R V, HUNSAKER C T, et al. A factor analysis of landscape pattern and structure metrics[J]. Kluwer academic publishers, 1995, 10(1):23-39.

[48] ABDOLALIZADEH Z, EBRAHIMI A, MOSTAFAZADEH R. Landscape pattern change in Marakan protected area, Iran[J]. Regional environmental change. 2019, 19:1693-1699.

[49] LUTZ T. Can landscape indices predict ecological processes consistently? [J]. Landscape ecology ,2001(16):235-254.

[50] FESTUS O O, JI W, ZUBAIR O A.Characterizing the landscape structure of urban

wetlands using terrain and landscape indices[J]. Land, 2020, 9(1): 1-25.

[51] MATTHEW L, WU J G. A gradient analysis of urban landscape pattern a case study from the Phoenix metropolitan region, Arizona, USA[J]. Kluwer academic publishers, 2002, 17(4): 327-339.

[52] ESTOQUE R C, MURAYAMA Y, MYINT S.Effects of landscape composition and pattern on land surface temperature: an urban heat island study in the megacities of Southeast Asia[J].Science of the total environment, 2017, 577(11): 349-359.

[53] 宁晓刚,张晓东,胡进刚.SPOT5 影像严格几何纠正方法研究[J]. 测绘地理信息,2005,30(1):43-45.

[54] 肖茜. 近 30 年滇池流域地表覆盖关键要素变化对滇池水质的影响研究[D]. 昆明:云南师范大学,2018.

[55] 肖艳芳,朱琳,赵文吉.HJ-1A 星辐射定标及近海水体大气校正的精度验证[J]. 海洋科学进展,2012,30(1):54-62.

[56] 钟欣呈. 考虑空间尺度效应的滇池流域景观格局与水质阈值关系研究[D]. 昆明:云南师范大学,2022.

[57] 邓伟,白军红,胡金明,等. 黄淮海湿地系统分类体系构建[J]. 地球科学进展,2010,25(10):1023-1030.

[58] 陈展,尚鹤,姚斌. 美国湿地健康评价方法[J]. 生态学报, 2009, 29(9): 5015-5022.

[59] 杨永兴. 国际湿地科学研究的主要特点、进展与展望[J]. 地理科学进展, 2002, 21(2):111-120.

[60] 高鸿斌,宋广生,王晓君,等. 基于 RGB 值的 BP 神经网路遥感影像分类算法[J]. 电子技术与软件工程, 2016(11):102-103.

[61] 王明伟,王志平,赵春霞,等. 基于最大似然和支持向量机方法的遥感影像地物分类精度评估与比较研究 [J]. 山东科技大学学报(自然科学版), 2016, 35(3): 25-32.

[62] 赵泉华,李晓丽,赵雪梅,等. 结合马氏距离的区域化模糊聚类遥感图像分割[J]. 中国矿业大学学报,2017,46(1):222-228.

[63] 肖博林. 基于支持向量机的高光谱遥感影像分类[J]. 科技创新与应用, 2020(4):22-24.

[64] 王振武,孙佳骏,于忠义,等. 基于支持向量机的遥感图像分类研究综述[J]. 计算机科学,2016, 43(9):11-17,31.

[65] 李秀珍,布仁仓,常禹,等. 景观格局指标对不同景观格局的反应[J]. 生态学报,2004,24(1):127-138.

[66] BORGES F, GLENITZ M, SCHULTZ A, et al. Assessing the habitat suitability of agricultural landscapes for characteristic breeding bird guilds using landscape metrics[J]. Environmental monitoring & assessment, 2017, 189(4): 166.

[67] 张建国,李晶晶,殷宝库,等. 基于转移矩阵的准格尔旗土地利用变化分析[J]. 水土保持通报,2018,38(1):131-134.

[68] 朱会义,李秀彬. 关于区域土地利用变化指数模型方法的讨论[J]. 地理学报,2003,58(5):643-650.

[69] 乔伟峰,盛业华,方斌,等. 基于转移矩阵的高度城市区域土地利用演变信息挖掘:以江苏省为例[J]. 地理研究,2013,32(8):1497-1507.

[70] 庞明广. 打造最美湿地,滇池湿地如何华丽转身[EB/OL].[2021-10-21].http://www.thepaper.cn/newsDetail_forward_15001305.

[71] 吉文娟,杨晓鹏,张加云. 滇池流域蒸发量时空变化特征及趋势分析[J]. 气象科技,2016,44(4):631-639.

[72] 廖悦,张刘东,陈晨,等. 滇池流域 NDVI 动态变化特征及其气候的响应[J]. 农业工程,2021,11(9):34-54.

[73] 蔡清玉,李飒. 遭遇 10 年来最干旱年份:云南昆明为水而"站"[N]. 昆明日报,2003.

[74] 王秋文,黄肖寒,杨睿,等. 河池市 2000—2011 年主要农业气象灾害灾情特征分析[J]. 陕西气象,2014(2):27-30.

[75] 李秀芬,朱教君,王庆礼,等. 森林低温霜冻灾害干扰研究综述[J]. 生态学报,2013,33(12):3563-3574.

[76] 钱永兰,毛留喜,周广胜. 全球主要粮食作物产量变化及其气象灾害风险评估[J]. 农业工程学报,2016,32(1):226-235.

[77] 高安宁,陈见,李艳兰,等.2008 年广西罕见凝冻灾害评估及思考[J]. 灾害学,2008,23(2):83-86.

[78] 白龙飞. 当代滇池流域生态环境变迁与昆明城市发展研究[D]. 昆明:云南大学,2011.

[79] 昆明市滇池管理局,昆明市规划局. 滇池分级保护范围划定方案.2015.

[80] 阳文锐. 北京城市景观格局时空变化及驱动力[J]. 生态学报, 2015, 35(13):4357-4366.

[81] 王佳. 上海市土地利用景观格局演变与尺度效应[D]. 徐州:中国矿业大学,2021.

[82] 雷金睿,陈宗铸,陈毅青,等.1990—2018 年海南岛湿地景观格局演变及其驱动力分析[J]. 生态环境学报,2020,29(1):59-70.

[83] 吴健生,王政,张理卿,等. 景观格局变化驱动力研究进展[J]. 地理科学进展, 2012,31(12):1739-1746.

[84] 李懿洋. 甘肃省产业结构与经济增长的灰色关联分析[J]. 企业战略, 2011, 5: 20-23.

[85] 胡荣明,杜嵩,李朋飞,等. 基于移动窗口法的半干旱生态脆弱区景观破碎化及驱动力分析[J]. 农业资源与环境学报,2021(3):502-511.

[86] 王秉义. 巢湖流域土地利用演变的生态响应与优化模拟研究[D]. 徐州:中国矿业大学,2018.

[87] 邓清,欧朝蓉,邓志华,等. 勐海县景观格局变化及驱动因素分析[J]. 西南林业大学学报(自然科学),2019,39(5):118-126.

[88] 史利江,王圣云,姚晓军,等.1994—2006年上海市土地利用时空变化特征及驱动力分析[J]. 长江流域资源与环境,2012,21(12):1468-1479.

[89] 谢念斯. 城市绿地空间格局的动态变化及其驱动力研究[D]. 武汉:武汉大学, 2019.

[90] TENG M J, TENG L X, ZHOU Z X, et al. Responses of landscape metrics to altering grain size in the three gorges reservoir landscape in China[J].Environmental earth sciences, 2016,75(13):1055.

[91] 张雅梅,安裕伦. 贵阳市景观类型与人口密度相关分析[J]. 生态学杂志, 2005, 24(2):195-199.

[92] 昆明统计局. 昆明辉煌五十年[M]. 昆明:云南科技出版社,1999:90-93.

[93] 《新编昆明市情》编委会. 新编昆明市情[M]. 昆明:云南科技出版社,1999:149.

[94] 邓明翔. 滇池流域生态补偿机制研究[D]. 昆明:云南财经大学,2012.

[95] 新华社. 习近平察看滇池生态湿地[EB/OL]. 中央人民政府网.(2020-01-20)[2021-06-06]. http://www.gov.cn/xinwen/2020-O1/20/content 5471046.htm.

[96] 段昌群. 科学治理实现绿色发展[N/OL]. 光明日报.(2020-09-04).[2021-06-06]. https://epaper.gmw.cn/gmrb/htm1/2020-09/04/nbs.D110000gmrb_06.htm.

[97] 杨枫,许秋瑾,宋永会,等. 滇池流域水生态环境演变趋势、治理历程及成效[J]. 环境工程技术学报,2022,12(3):633-643.

[98] 吕忠梅,刘超. 论水污染防治立法的思维转换:以《滇池保护条例》修订为例[J]. 河南师范大学学报(哲学社会科学版),2007,34(2):119-123.

[99] 昆明市人民政府. 滇池综合整治大纲[J]. 云南环境科学,1993,12(3):81-87.

[100] WANG Y C, WANG W B, WANG Z, et al. Regime shift in LakeDianchi (China) during the last 50 years[J]. Journal of oceanology and limnology, 2018, 36(4):1075-1090.

[101] 刘瑞志,朱丽娜,雷坤,等. 滇池入湖河流“十一五”综合整治效果分析[J]. 环境污染与防治,2012,34(3):95-100.

[102] 国务院. 国务院关于滇池流域水污染防治“九五”计划及 2010 年规划的批复[J]. 中华人民共和国国务院公报,1998(24):942-944.

[103] 彭树恒,于晓东,胡元明. 滇池水环境综合治理成效、问题及建议[J]. 中国工程咨询,2012(1):29-31.

[104] 刘百军. 滇池保护史上的又一个里程碑:《云南省滇池保护条例》开始施行[J]. 新华月报,2013(5):80-81.

[105] 胡义涛. 天目湖流域林地景观格局动态变化及其优化策略研究[D]. 苏州:苏州科技大学,2017.

[106] 高星,宋昭颖,李晨曦,等. 基于景观生态风险评价的白洋淀流域景观格局优化研究[J]. 生态与农村环境学报,2023,39(2):174-183.

[107] 曾黎,杨庆媛,杨人豪,等. 三峡库区生态屏障区景观格局优化:以重庆市江津区为例[J]. 生态学杂志,2017,36(5):1364-1373.

[108] 雷清,苏维词. 西南(岩溶)山区乡村聚落景观优化研究:以安顺市为例[J]. 水土保持研究,2008,15(3):251-254.

[109] 岳隽,王仰麟,李贵才,等. 基于水环境保护的流域景观格局优化理念初探[J]. 地理科学进展,2007(3):38-46.

[110] 倪凯旋. 基于景观格局指数的乡村生态规划方法[J]. 规划师, 2013, 29(9):118-123.

[111] 张凤太,邵技新,苏维词. 贵州喀斯特山区乡村景观生态优化模式研究[J]. 热带地理,2009,29(5):418-422.

[112] 戴菲,岳峰,贾行飞,等. 武汉市景观格局演变及绿道优化策略研究[J]. 中国城市林业,2017,15(6):17-22.

[113] 吴晓斐. 城镇化进程中沈抚新陈面源污染控制的适应性景观格局策略研究[D]. 北京:北京交通大学,2018.

[114] 胡远航. 昆明长腰山生态涵养功能有望 2025 年基本恢复[N/OL]. 中国新闻网.[2022-07-04].https://baijiahao.baidu.com/s? id=1737403941299816048&wfr=spider&for=pc.

[115] 陈兴祥. 昆明市绿化树种选择[J]. 林业调查规划,2005,30(5):104-107.

[116] 刘雯雯. 川西生态脆弱区乡镇景观生态格局演变与优化研究:以绵竹市青平镇为例[D]. 成都:西南交通大学,2021.

[117] 邓政宇. 鸡西市中心城区景观格局演变特征及其优化策略研究[D]. 哈尔滨:东北林业大学,2020.

[118] 王葆华，王洋. 太原赤桥村传统村落公共空间重构的策略研究[J]. 城市发展研究，2020，27（5）：9-12，22.

[119] 刘敏，韦庚男. 传统村落保护与活化设计研究：以昆明市海晏村为例[J]. 传统民居与乡土建筑，2020，17：42-46.

[120] 胡剑双，戴菲. 中国绿道研究进展[J]. 中国园林，2010（12）：88-93.

[121] 贾行飞.1990—2015年武汉市景观格局演变及优化策略研究[D]. 武汉：华中科技大学，2016.

[122] 朱强，俞孔坚，李迪华. 景观规划中的生态廊道宽度[J]. 生态学报，2005，25（9）：2406-2412.

[123] 吴劲松. 滇池绿道100公里外海段启动建设[N/OL]. 昆明日报.[2002-06-27]. http://www.yn.xinhuanet.com/nets/2022-06/27/c_1310633615.htm.

[124] 钟莉娜，李正欢，王军. 武夷山市旅游发展与景观格局演变的联动关系[J]. 经济地理，2022，42（3）：222-230.

[125] PIRNAT J. Conservation and management of forest patches and corridors in suburban landscape[J].Landscape and urban planning，2000，52：135- 143.

[126] 张娟，陈凡，角媛梅，等. 哈尼梯田区不同旅游模式村寨土地利用变化对生态系统服务与人类福利的影响[J]. 生态学报，2020，40（15）：5179- 5189.

[127] 张潇，张晓瑶，陆林，等. 旅游干扰下流域多尺度景观格局演化特征及驱动因素：以新安江流域为例[J]. 生态学报，2021，41（9）：3415-3428.

[128] 钟莉娜，滕菲菲，李正欢，等. 生态系统服务视域下的旅游导向型城镇化：框架与展望[J]. 生态环境学报，2020，29（10）：2130 -2140.

[129] 陈志钢. 风景名胜城市土地利用动态变化及与旅游发展的互动机理研究：以广西壮族自治区阳朔县为例[J]. 资源科学，2010，32（10）：1980-1986.

[130] 麻学锋，刘玉林. 旅游产业成长与城市空间形态演变的关系：以张家界为例[J]. 经济地理，2019，39（5）：226-234.

[131] 林明太，孙虎，郭斌. 福建旅游型海岛景观格局变化：以妈祖圣地湄洲岛为例[J]. 生态学杂志，2010，29（7）：1414-1419.

[132] ABELLAN F C，MARTNEZ C G. Landscape and tourism as tools for local development in mid-mountain rural areas in the southeast of Spain（Castilla-La Mancha）[J]. Land，2021，10（2）：221- 240.

[133] SUN J，ZHENG Y，SHI J. Conserving the landscape connectivity of natural forest reserves in tourism development[J].The professional geographer，2021，73（3）：573-578.